目 次

ページ

序文 … 1
1 概要 … 1
1.1 適用範囲 … 1
1.2 引用規格 … 1
2 使用状態 … 1
2.1 常規使用状態 … 1
2.2 特殊使用状態 … 1
3 用語及び定義 … 1
3.1 一般 … 1
3.2 断路器の種類 … 3
3.3 ガス断路器の種類 … 3
3.4 気中断路器の種類 … 4
3.5 接地開閉器の種類 … 4
3.6 断路器及び接地開閉器の構成部分 … 5
3.7 操作及び制御 … 6
3.8 その他 … 6
3.9 索引 … 6
4 定格 … 8
4.1 一般事項 … 8
4.2 定格電圧 U_r … 8
4.3 定格耐電圧 … 8
4.4 定格電流 I_r 及び温度上昇 … 8
4.5 定格周波数 f_r … 8
4.6 定格短時間耐電流 I_k … 8
4.7 定格ガス圧力 … 9
4.8 定格制御電圧 … 9
4.9 定格の標準値 … 9
4.101 定格操作電圧 … 9
4.102 定格端子荷重 … 9
4.103 定格母線ループ電流開閉能力 … 11
4.104 定格誘導電流開閉能力 … 11
4.105 定格進み小電流開閉能力 … 13
5 設計及び構造 … 13
5.1 一般構造 … 13
5.2 機械的強度 … 13
5.3 開閉装置内のガス … 13
5.4 開閉装置の接地 … 13

(1)

5.5	補助機器及び制御機器	14
5.6	外部動力による操作	14
5.7	蓄勢待機式操作	14
5.8	蓄勢即動式操作	14
5.9	開閉制御装置	14
5.10	低圧鎖錠，警報と監視装置	14
5.11	銘板	14
5.12	インタロック装置	15
5.13	開閉表示器	15
5.14	容器	15
5.15	屋外設置における漏れ距離	15
5.16	ガス及び真空の気密性	16
5.17	作動油	16
5.18	火災危険性	16
5.19	電磁両立性（EMC）	16
5.101	断路器及び接地開閉器の主要部構造	16
5.102	ガス断路器の電流開閉性能及び主要部構造	17
5.103	ガス接地開閉器の用途，電流開閉性能及び主要部構造	17
5.104	ベース分離形気中断路器	18
5.105	抵抗付断路器	18
6	形式試験	19
6.1	一般事項	19
6.2	構造検査	19
6.3	主回路の耐電圧試験	19
6.4	主回路抵抗測定	19
6.5	開閉試験	19
6.6	温度上昇試験	21
6.7	短時間耐電流試験	21
6.8	電磁両立性（EMC）試験	22
6.9	制御，操作及び補助回路の耐電圧試験	23
6.101	端子荷重試験	23
6.102	母線ループ電流開閉試験	24
6.103	誘導電流開閉試験	27
6.104	進み小電流開閉試験	29
6.105	インタロック装置確認試験	32
6.106	抵抗付断路器における確認試験	33
7	ルーチン試験	34
7.1	一般事項	34
7.2	構造検査	34
7.3	主回路の耐電圧試験	34

7.4	主回路抵抗測定	35
7.5	開閉試験	35
7.6	制御，操作及び補助回路の耐電圧試験	36
7.7	試験結果の記載事項及び試験報告書	36
8	参考試験	36
8.1	一般事項	36
8.2	参考試験項目	36
8.3	部分放電試験	36
8.4	耐環境性試験	36
8.5	耐震性能の試験	37
8.6	輸送試験	37
8.7	主回路の電磁放射試験（ラジオ障害電圧の測定）	37
8.8	屋外がいしの人工汚損試験	37
8.101	耐用性能検証連続開閉試験	37
8.102	遅れ小電流開閉試験	37
附属書A（規定） 気中断路器及び気中接地開閉器の開閉能力		40
附属書B（参考） 断路器及び接地開閉器（接地装置）試験報告書		44
附属書C（参考） 送電線二次アーク消弧用交流高速接地開閉器		59
参考文献		62
解説		63

JEC-2310:2014

まえがき

　この規格は，交流断路器標準特別委員会において 2012 年 11 月に改正作業に着手し，慎重審議の結果，2014 年 7 月に成案を得て，2014 年 9 月 25 日に電気規格調査会規格委員総会の承認を経て制定された，電気学会　電気規格調査会標準規格である。これによって，電気規格調査会標準規格"交流断路器 **JEC-2310：2003**"は改正され，この規格に置き換えられた。

　この規格は，一般社団法人電気学会の著作物であり，著作権法の保護対象である。

　この規格の一部が，特許権，出願公開後の特許出願，実用新案権，又は出願公開後の実用新案登録出願に抵触する可能性があることに注意を喚起する。一般社団法人電気学会は，このような特許権，出願公開後の特許出願，実用新案権，又は出願公開後の実用新案登録出願にかかわる確認について，責任をもたない。

電気学会　電気規格調査会標準規格　　　　　　　　　　JEC 2310 : 2014

交流断路器及び接地開閉器
Alternating current disconnectors and earthing switches

序文
この規格は，交流断路器及び接地開閉器に関する使用状態，定格，絶縁，通電などについて規定したものである。

この規格は，JEC-2390：2013 と併読して用いる。

この規格独自の細分箇条には，100 番台の番号を用いて表す。

注記　この規格の対応国際規格として IEC 62271-102 がある。

1　概要
1.1　適用範囲
この規格は，周波数 50 Hz 又は 60 Hz の公称電圧 3.3 kV 以上の三相回路及びその中性点回路の電路に使用する交流断路器及び接地開閉器に適用する。

1.2　引用規格
次に掲げる規格は，この規格に引用されることによって，この規格の規定の一部を構成する。この引用規格は，記載の年の版を適用し，その後の改正版（追補を含む。）は適用しない。

　　JEC-2390：2013　　開閉装置一般要求事項

2　使用状態
2.1　常規使用状態
JEC-2390：2013 の 2.1 による。

2.2　特殊使用状態
JEC-2390：2013 の 2.2 による。

3　用語及び定義
この規格で用いる主な用語及び定義は，JEC-2390：2013 の箇条 3，電気学会 電気専門用語集 No.15 及び次による。ただし，電気専門用語集 No.15 で規定している用語については，用語及び電気専門用語集での番号だけを示す。

3.1　一般
3.1.1
断路器（disconnector）（3.33）
　　注記 1　単に充電された電路の開閉とは，ブッシング，母線，接続線，非常に短いケーブルの充電電流，及び計器用変成器又は分圧器の電流の開閉をいう。
　　注記 2　仕様によって，ループ電流，進み小電流及び遅れ小電流の開閉性能をもつ断路器もある。
　　注記 3　絶縁媒体として大気を使用する気中断路器，絶縁油を使用する油断路器及び SF_6 ガスなど大気以外のガスを使用するガス断路器がある。

3.1.2
接地開閉器（earthing switch）（3.27）

注記　"接地開閉器"の1分類として"接地装置"がある（3.5.2.1参照）。

3.1.3
異相主回路間中心間隔（center-to-center distance between adjacent poles）

隣接する相の中心線間の距離。

3.1.4
開離度（separation ratio on opening operation）

消弧瞬時の接触子間距離を全開路時の接触子間距離で除した値を百分率（%）で表したもの。

注記　ガス断路器の場合は，開離位置から消弧瞬時までの可動接触子の移動距離を，開離位置から完全開路位置までの可動接触子の移動距離で除した値を百分率（%）で表すこともある（図1参照）。

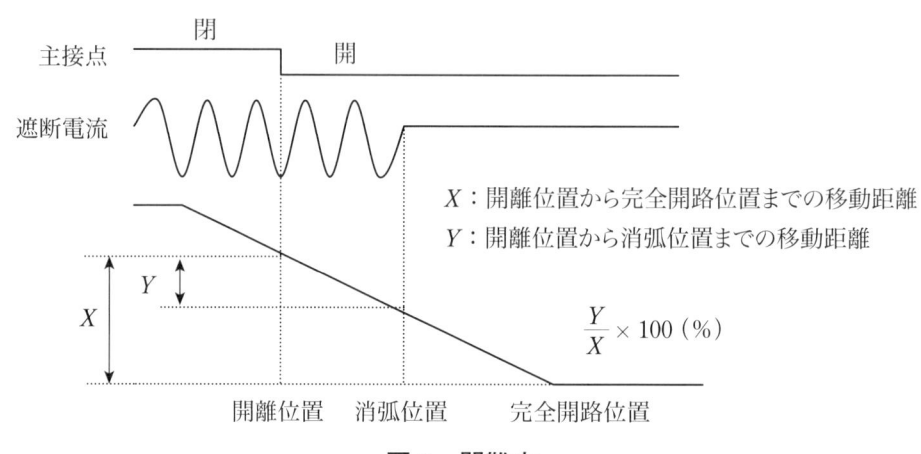

図1―開離度

3.1.5
ループ電流開閉（bus transfer current switching）

ループを形成する電路又は並列回路の常規使用状態において，その電路中に流れる電流の開閉。

3.1.6
誘導電流開閉（induced current switching）

並行多回線送電線において運転回線からの誘導現象によって停止回線に流れる電流の開閉。電磁誘導電流の開閉と静電誘導電流の開閉とがある。

3.1.7
進み小電流開閉（small capacitive current switching）

容量性の小電流の開閉。無負荷架空送電線路又は無負荷ケーブルに流れる容量性電流を開閉する場合などがこれに当たる。

3.1.8
遅れ小電流開閉（small inductive current switching）

誘導性の小電流の開閉。無負荷変圧器に流れる誘導性電流を開閉する場合などがこれに当たる。

3.1.9
短絡投入性能（short-circuit making capability）

開閉機器の端子部における短絡状態に対する投入性能。

3.1.10
残留電荷放電性能（discharge capability on residual charge）

　ケーブルなどの残留電荷を接地開閉器によって放電する場合の性能。

3.1.11
フック棒（switch hook）（4.23）

3.1.12
接触範囲（contact zone）（4.15）

3.1.13
全開路時間（total opening time）（6.57）

3.1.14
全閉路時間（total closing time）（6.62）

3.2　断路器の種類

3.2.1
ガス断路器（gas-insulated disconnector）

　電路の開閉及び絶縁をSF$_6$ガスのような絶縁ガス中で行う断路器。

3.2.2
気中断路器（air-insulated disconnector）

　電路の開閉及び絶縁を大気中で行う断路器。

3.3　ガス断路器の種類

3.3.1　断路方式による分類

3.3.1.1
直線切断路器（linear motion disconnector）

　可動接触子が電路の軸線上に直線運動をして開閉する断路器。

3.3.1.2
回転切断路器（rotary motion disconnector）

　可動接触子が支持点を中心に回転運動をして開閉する断路器。

3.3.2　消弧方式による分類

3.3.2.1
並切消弧形断路器（free burning type disconnector）

　静止した絶縁ガスの中で単に可動接触子を開離し，アークを遮断する断路器。

3.3.2.2
吹き付け消弧形断路器，パッファ形断路器（puffer type disconnector）

　可動接触子の運動と連動したパッファを用い，これによって発生したガス流をアークに吹き付け，遮断する断路器。

3.3.2.3
吸い込み消弧形断路器（suction type disconnector）

　可動接触子の運動と連動した負圧室を設け，アークを可動接触子の内側に吸い込み，遮断する断路器。

3.3.2.4
磁界消弧形断路器（magnetic driving type disconnector）

　永久磁石又は遮断電流から生じる磁界を利用して電極間に発生するアークを駆動し，冷却して遮断する

JEC-2310:2014

断路器。

3.3.2.5

自力消弧形断路器，熱パッファ形断路器（self blast type disconnector）

遮断時のアークによって発生する圧力でガス流を発生させ，これをアークに吹き付け遮断する断路器。

3.3.2.6

抵抗付断路器（resistor fitted disconnector）

断路器の開閉によって発生するサージレベルを抑制するために，抵抗体を装備した断路器。

3.4 気中断路器の種類

3.4.1 断路部の数による分類

3.4.1.1

一点切断路器（single-break disconnector）（3.37）

3.4.1.2

二点切断路器（double-break disconnector）（3.38）

3.4.2 ベースによる分類

3.4.2.1

ベース共通形断路器（common base type disconnector）（3.42）

3.4.2.2

ベース分離形断路器（separate base type disconnector）（3.43）

3.4.3 断路方式による分類

3.4.3.1

水平切断路器（horizontal-break disconnector）（3.39）

3.4.3.2

垂直切断路器（vertical-break disconnector）（3.40）

3.4.3.3

パンタグラフ形断路器（pantograph type disconnector）（3.41）

3.4.4 使用回路の数による分類

3.4.4.1

単投断路器（single-throw disconnector）（3.35）

3.4.4.2

双投断路器（double-throw disconnector）（3.36）

注記1　この分類は，ガス断路器についても適用する。

注記2　例えば，共通の可動接触子で断路器及び接地開閉器を構成する場合も含む。

3.5 接地開閉器の種類

3.5.1 接触子の構造による分類

3.5.1.1

直線形接地開閉器（linear motion earthing switch）

可動接触子が直線運動をして電路に接続又は切離しを行う接地開閉器。

3.5.1.2

回転形接地開閉器（rotary motion earthing switch）

可動接触子が支持点を中心に回転運動をして電路に接続又は切離しを行う接地開閉器。

3.5.2 性能による分類

3.5.2.1

接地装置（earthing device）

気中断路器に附属し，機器点検時に無電圧の電路を接地する装置で，電流開閉性能をもたない接地開閉器。

3.5.2.2

抵抗付接地開閉器（resistor fitted earthing switch）

ケーブルなどを接地する場合，残留電荷の円滑な放電処理のため，抵抗を設けた接地開閉器。

3.5.2.3

開閉性能付接地開閉器（small current switching capability fitted earthing switch）

誘導電流の開閉性能をもたせた接地開閉器。

3.5.2.4

高速接地開閉器（high-speed earthing switch）

送電線事故を遮断器で除去した後，高速度再閉路するときに，残存する二次アークを消すために用いる接地開閉器。ただし，通常の運転保守用の接地開閉器としては適用しない。

3.6 断路器及び接地開閉器の構成部分

注記　断路器及び接地開閉器を構成する主な部分であるが，断路器及び接地開閉器の形式及びその仕様によって，附属する構成部分はそれぞれ異なる。

3.6.1

主導電部（main conductive part）（4.17）

3.6.2

接触部（contact part）

接触子，ばねなどの接触機能をはたす部品によって組み合わされた部分。

3.6.3

ブレード（blade）（4.21）

3.6.4

ベース（base）（4.22）

3.6.5

操作ロッド（operating rod）

断路器及び接地開閉器を開閉する機構部分と操作装置とを連結する棒又は管。

3.6.6

保護ギャップ（protection gap）

電気所の絶縁強度を協調させるため断路器に設ける放電ギャップ。

3.6.7

アークホーン（arcing horn）

開閉時にアークを誘引し，接触部を保護するために設けた部分。

3.6.8

接地端子（earth terminal）（4.02）

3.7 操作及び制御

3.7.1

制御電圧（control voltage）（5.02）

3.7.2

操作電圧（operating voltage）（5.12）

3.7.3

フック棒操作（hook rod control）（5.28）

3.7.4

手動操作（manual operation）（5.16）

3.7.5

電動操作（motor operation）

電動機によって可動接触子が動作する操作。

3.8 その他

3.8.1

端子荷重（terminal load）

気中断路器が開閉及び通電するために端子に加わる荷重。

3.9 索引

（ア行）

アークホーン（arcing horn）	3.6.7
異相主回路間中心間隔（center-to-center distance between adjacent poles）	3.1.3
一点切断路器（single-break disconnector）	3.4.1.1
遅れ小電流開閉（small inductive current switching）	3.1.8

（カ行）

開閉性能付接地開閉器（small current switching capability fitted earthing switch）	3.5.2.3
回転形接地開閉器（rotary motion earthing switch）	3.5.1.2
回転切断路器（rotary motion disconnector）	3.3.1.2
開離度（separation ratio on opening operation）	3.1.4
ガス断路器（gas-insulated disconnector）	3.2.1
気中断路器（air-insulated disconnector）	3.2.2
高速接地開閉器（high-speed earthing switch）	3.5.2.4

（サ行）

残留電荷放電性能（discharge capability on residual charge）	3.1.10
磁界消弧形断路器（magnetic driving type disconnector）	3.3.2.4
手動操作（manual operation）	3.7.4
主導電部（main conductive part）	3.6.1
自力消弧形断路器，熱パッファ形断路器（self blast type disconnector）	3.3.2.5
吸い込み消弧形断路器（suction type disconnector）	3.3.2.3
垂直切断路器（vertical-break disconnector）	3.4.3.2
水平切断路器（horizontal-break disconnector）	3.4.3.1
進み小電流開閉（small capacitive current switching）	3.1.7

制御電圧 (control voltage) ··· 3.7.1
接触範囲 (contact zone) ·· 3.1.12
接触部 (contact part) ·· 3.6.2
接地開閉器 (earthing switch) ··· 3.1.2
接地装置 (earthing device) ··· 3.5.2.1
接地端子 (earth terminal) ·· 3.6.8
全開路時間 (total opening time) ·· 3.1.13
全閉路時間 (total closing time) ·· 3.1.14
操作電圧 (operating voltage) ··· 3.7.2
操作ロッド (operating rod) ··· 3.6.5
双投断路器 (double-throw disconnector) ··································· 3.4.4.2

(タ行)

端子荷重 (terminal load) ··· 3.8.1
単投断路器 (single-throw disconnector) ··································· 3.4.4.1
短絡投入性能 (short-circuit making capability) ··························· 3.1.9
断路器 (disconnector) ·· 3.1.1
直線形接地開閉器 (linear motion earthing switch) ·························· 3.5.1.1
直線切断路器 (linear motion disconnector) ·································· 3.3.1.1
抵抗付接地開閉器 (resistor fitted earthing switch) ························ 3.5.2.2
抵抗付断路器 (resistor fitted disconnector) ······························ 3.3.2.6
電動操作 (motor operation) ··· 3.7.5

(ナ行)

並切消弧形断路器 (free burning type disconnector) ························ 3.3.2.1
二点切断路器 (double break disconnector) ································· 3.4.1.2

(ハ行)

パンタグラフ形断路器 (pantograph type disconnector) ······················ 3.4.3.3
吹き付け消弧形断路器, パッファ形断路器 (puffer type disconnector) ········· 3.3.2.2
フック棒 (switch hook) ··· 3.1.11
フック棒操作 (hook rod control) ·· 3.7.3
ブレード (blade) ··· 3.6.3
ベース (base) ·· 3.6.4
ベース共通形断路器 (common base type disconnector) ······················· 3.4.2.1
ベース分離形断路器 (separate base type disconnector) ····················· 3.4.2.2
保護ギャップ (protection gap) ·· 3.6.6

(ヤ行)

誘導電流開閉 (induced current switching) ································· 3.1.6

(ラ行)

ループ電流開閉 (bus transfer current switching) ·························· 3.1.5

4 定格

4.1 一般事項

定格として，JEC-2390：2013の4.1及び次の諸項目を規定する。

h) 定格操作電圧
i) 定格端子荷重
j) 定格母線ループ電流開閉能力
k) 定格誘導電流開閉能力
l) 定格進み小電流開閉能力

　　注記　h)～l)の定格事項の性能保証事項と設計標準値とは，次のように分類される。

　　　　a) 性能保証事項：定格端子荷重，定格母線ループ電流開閉能力，定格誘導電流開閉能力及び定格進み小電流開閉能力

　　　　b) 設計標準値：定格操作電圧

4.2 定格電圧 U_r

JEC-2390：2013の4.2による。

4.3 定格耐電圧

4.3.1 主回路の定格耐電圧

JEC-2390：2013の4.3.1及び次による。

定格204 kV以上の断路器については，対地の長時間商用周波耐電圧値を規定している。ただし，無機物（磁器製）の絶縁物にて対地絶縁を行う気中断路器など，絶縁の性格上長時間商用周波耐電圧の意味がない機器については，長時間商用周波耐電圧部の短時間部（JEC-2390：2013の図2の長時間商用周波印加パターンのU_2に相当）だけで試験する。

　　注記1　保安上の見地から，断路器の同相主回路端子間はいかなる場合にもフラッシオーバしないことが望ましいが，対地絶縁強度と同相主回路端子間絶縁強度との協調をとることは，実際上困難であるので，同相主回路端子間耐電圧を対地耐電圧値の115 %とする考え方で規定している。汚損，塩害用又はそのほかの理由で対地絶縁が過絶縁となっている場合，又は線路引込口における開路状態の断路器の場合に対しては，電気所全体として絶縁協調を考え，適切な箇所に保護ギャップを設けることなどが望ましい。

　　注記2　550 kV断路器はその重要性から交流対地耐電圧（$550 \text{ kV} \times \sqrt{2}/\sqrt{3}$）と対地絶縁の雷インパルス耐電圧値を重畳した同相主回路端子間絶縁強度が要求されているので，特に115 %より高い値を規定している。また，1・1/2 CB方式の場合は，商用周波電圧の重畳を考えなくてもよいため，同相主回路端子間と対地絶縁の雷インパルス耐電圧値とが同一のもので実用化されている。

4.3.2 制御，操作及び補助回路の定格耐電圧

JEC-2390：2013の4.3.2による。

4.4 定格電流 I_r 及び温度上昇

断路器の定格電流は，JEC-2390：2013の4.4による。

4.5 定格周波数 f_r

JEC-2390：2013の4.5による。

4.6 定格短時間耐電流 I_k

JEC-2390：2013の4.6による。

4.7 定格ガス圧力

JEC-2390:2013 の 4.7 及び次による。

注記 この規格では，次の点から標準値を規定しないこととした。

ガス断路器及びガス接地開閉器に使用する絶縁ガスは，SF_6 以外にも考えられるため，標準値を規定するのは困難である。

4.8 定格制御電圧

JEC-2390:2013 の 4.8 による。ただし，電圧変動範囲は**表1**の値を標準とする。

4.9 定格の標準値

JEC-2390:2013 の 4.9 による。

4.101 定格操作電圧

断路器及び接地開閉器の定格操作電圧とは，断路器及び接地開閉器の電気操作装置が設計される電圧をいい，操作中における最大電流時の端子電圧で表す。

定格操作電圧は，**表1**の値を標準とする。

表1—定格操作電圧の標準値及び変動範囲

単位 V

電圧の種類	標準値	変動範囲
直流	100	75 〜 125
	200	150 〜 220
交流（実効値）	100	85 〜 110
	200	170 〜 220

注記1 一般に，変電所の電圧供給源は，制御電圧源と操作電圧源との区別はない。

注記2 直流の電圧変動範囲は，蓄電池の種類に依存し，その範囲は，使用者によってばらつきがあるが，変電所の実態調査によって，発生頻度は低いものの，定格100 V の場合，最大125 V にまで達する可能性があることがわかっている。

注記3 定格直流電圧が110 V でも，電圧変動範囲は，75 V 〜 125 V とする。

供給電源に近い場合に定格値を110 V とすることがあるが，この場合でも，電源供給源の電圧最大値は電圧125 V であり，電圧変動範囲は区別しない。

4.102 定格端子荷重

気中断路器の定格端子荷重とは，その荷重が片極の端子に加わった状態で断路器が異常なく開閉及び通電のできる限度をいい，**表2**の値を標準値とする。

定格電圧 36 kV 以下の断路器は，定格端子荷重を考慮しない。

表2—気中断路器の定格端子荷重の標準値

定格電圧 kV	定格電流 A	定格端子荷重 N ベース共通形断路器 F_{a1}, F_{a2} 方向 [a]	ベース共通形断路器 F_{b1}, F_{b2} 方向 [a]	ベース分離形断路器 F_{a1}, F_{a2} 方向 [b]	ベース分離形断路器 F_{b1}, F_{b2} 方向 [b]
72	2 000 以下	600	200	800	400
72	3 000 以上	700	200	800	400
84	2 000 以下	600	200	800	400
84	3 000 以上	700	200	800	400
120	2 000 以下	700	200	800	400
120	3 000 以上	800	250	800	400
168	2 000 以下	700	200	1 000	500
168	3 000 以上	800	250	1 000	500
204	2 000 以下	700	200	1 000	500
204	3 000 以上	800	250	1 000	500
240	2 000 以下	800	250	2 000	1 000
240	3 000 以上	1 000	300	2 000	1 000
300	2 000 以下	800	250	2 000	1 000
300	3 000 以上	1 000	300	2 000	1 000
550	—	3 000	1 000	3 000	1 500

注 [a] 図2参照。
注 [b] 図3参照。

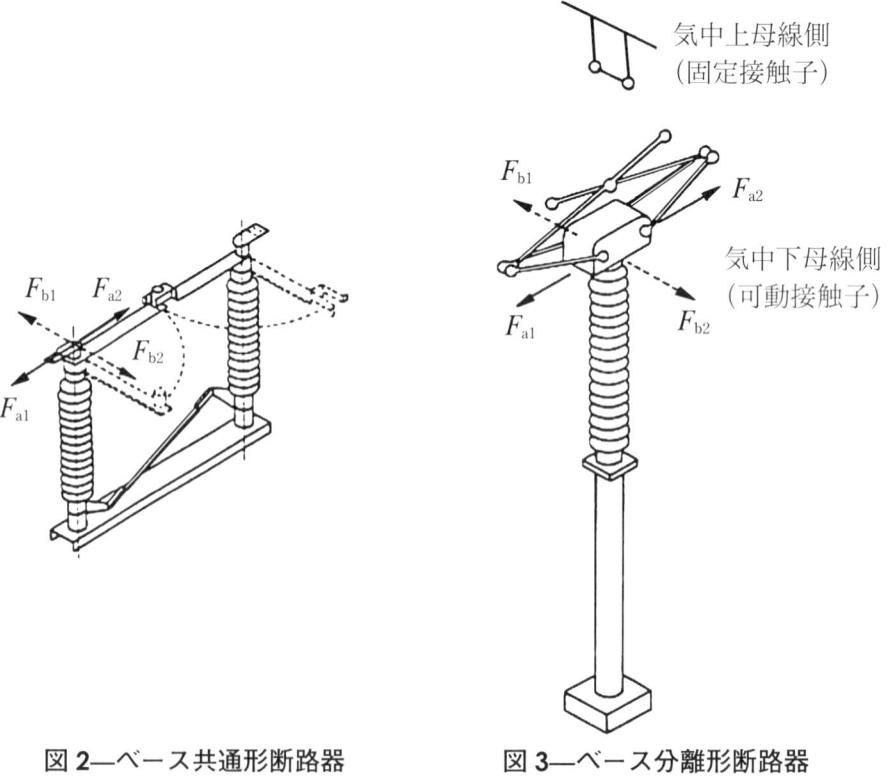

図2—ベース共通形断路器　　図3—ベース分離形断路器

ベース共通形断路器の F_{b1} 及び F_{b2} 方向の荷重に対して，この方向の荷重の断路器への影響が少ないことが判明した場合，当事者間の協議によって F_{b1}，F_{b2} 方向の荷重試験は省略してもよい。

注記　IEC 62271-102 は，試験の省略を認めている。

4.103 定格母線ループ電流開閉能力
4.103.1 一般事項

母線ループ電流開閉能力とは，変電所構内の母線回路の切替えを断路器で行うときに，当該の母線に関係する閉回路（ループ）に流れる複母線ループ電流を開閉するために要求される能力をいう。

ガス断路器の複母線ループ電流開閉に適用する。

気中断路器の場合，**附属書A**による。

> 注記　ガス断路器によるループ電流開閉としては，複母線ループ電流開閉のほかに線路ループ電流開閉がある。線路ループ電流開閉は，系統によって開閉条件が大きく異なるため，ここでは複母線ループ電流開閉についてだけ規定する。
>
> なお，**電気学会技術報告（Ⅱ部）第216号**（ガス絶縁開閉装置試験法）に，線路ループ電流開閉試験に関する記載がある。

4.103.2 定格母線ループ電流

母線ループ電流の定格値は，**表3**に示す開閉電流値とする。

表3—母線ループ電流電圧

定格電流 A	開閉電流 A	回復電圧 [a]（相電圧実効値）V
8 000	4 000	100
6 000	4 000	100
4 000	3 200	100
3 000	2 400	100
2 000	1 600	100
1 200	960	100
800	640	100
600	480	100

注記　IEC 62271-102では，開閉電流を定格電流の80 %とし，最大1 600 A（定格電圧1 100 kV及び1 200 kVの断路器の場合は上限なし）としているが，国内の運用実態を調査した結果，開閉電流を定格電流の80 %とし，最大4 000 Aとした。なお，開閉電流の調査結果を，**平成26年 電気学会 電力・エネルギー部門大会**で報告した。

注 [a]　ガス絶縁開閉装置と気中絶縁機器とが混在した変電所において，気中母線のようなインピーダンスが大きく，ループ長も長い電路の開閉をガス絶縁開閉装置の母線断路器で行う場合については，300 Vとする。それを超える場合は，当事者間の協議によって決定する。

4.103.3 定格回復電圧

遮断後及び投入前に同相主回路端子間に印加する回復電圧の定格値は，**表3**に示す値とする。

4.104 定格誘導電流開閉能力
4.104.1 一般事項

誘導電流開閉能力とは，2回線以上併架した送電線回路において，運転回線からの誘導現象によって停止回線に流れる電磁誘導電流及び静電誘導電流を，接地開閉器で開閉するために要求される能力をいう。

ガス接地開閉器の誘導電流開閉に適用する。

気中接地開閉器の場合，**附属書A**による。

4.104.2 定格誘導電流

電磁誘導及び静電誘導の開閉電流の定格値は，それぞれ表4及び表5に示すとおりとする。

注記 誘導電流は，併架条件によって大きく異なる。電圧又は電流定格の異なる系統の併架については，当事者間の協議によって決定する必要がある。

表4—電磁誘導電流電圧

定格電圧 kV	健全回線電流 A	回復電圧 kV	開閉電流 A	過渡回復電圧上昇率 V/μs
72～120	～6 000	3	600	125
	～4 000	3	400	100
	～3 000	3	400	75
	～2 000	1.5	200	50
	～1 200	1	200	25
168～204	～6 000	3	600	125
	～4 000	3	400	100
	～2 000	1	200	50
240～300	～8 000	50	1 000	150
	～6 000	37.5	600	125
	～4 000	25	500	100
	～2 000	12.5	200	50
550	～8 000	70	1 000	150
	～4 000	25	400	100
1 100	～8 000	70	1 000	160

表5—静電誘導電流電圧

定格電圧 kV	回復電圧 kV	開閉電流 A
72	3	0.3
84	3	
120	5	0.5
168	7	
204	10	14
240	11	
300	14	24
550	30	
1 100	50	40

注記1 表4及び表5の誘導電流電圧については，**電気学会技術報告（Ⅱ部）第216号**（ガス絶縁開閉装置試験法）を基に，実態に合わせ若干の見直しを行ったものである。系統によっては，表4及び表5から外れるものもあり，その都度，確認する必要がある。

注記2 **IEC 62271-102**では，開閉電流が二つのClassに分かれており，電磁誘導電流はClass Aが50 A～110 A，Class Bが80 A～440 Aであり，静電誘導電流はClass Aが0.4 A～7.5 A，Class Bが2 A～40 Aとしている。この規格では，国内の運用実態から表4及び表5のとおりとした。

4.104.3 定格回復電圧

遮断後及び投入前に同相主回路端子間に印加する電磁誘導及び静電誘導回復電圧の定格値は，それぞれ

表4及び表5に示すとおりとする。

4.105 定格進み小電流開閉能力

4.105.1 一般事項

進み小電流開閉能力とは，遮断器と断路器との間の短い管路及び遮断器の並列コンデンサなどの充電電流を断路器で開閉するために要求される能力をいう。

ガス断路器の進み小電流開閉に適用する。

気中断路器の場合，**附属書A**による。

4.105.2 定格進み小電流

この規格では，進み小電流の定格値は，規定しない。

4.105.3 定格回復電圧

回復電圧の定格値は，遮断又は投入直前の供試断路器端子における線間電圧を実効値で表す。形式試験において，三相試験では各線間電圧値の平均値をとる。

回復電圧は，次の値とする。

a) 三相断路器の三相試験　　E
b) 三相断路器の単相試験　　$E/\sqrt{3}$

ただし，Eは，断路器の定格電圧である

5 設計及び構造

5.1 一般構造

5.1.1 一般

JEC-2390：2013の5.1.1の項目に加え，次の諸項目を規定する。

h) 接触部の表面状態が長年月のうちに変化し，摩擦係数が増大しても，円滑確実に操作できる構造とする。
i) 常規運転状態で，可視コロナが認められてはならない。
j) 気中断路器の操作ロッドは，耐食性があり，調整が容易で，かつ，調整後に狂いが生じない構造でなければならない。また，クランク類及び回転部荷重を受ける軸受は，動作が円滑で，長期間注油を必要としないものでなければならない。
k) 気中断路器で捻回装置を使用する構造のものは，捻回角が長期間変化し難い構造とする。また，捻回角が調整できるものについては，調整値が長期にわたって変化しないよう特に考慮する。
l) 気中断路器の場合，製造業者は，定格又は性能を保証し得る異相主回路間の中心間隔の最小値を明示しなければばらない。

5.1.2 部品の互換性

JEC-2390：2013の5.1.2による。

5.2 機械的強度

JEC-2390：2013の5.2による。

5.3 開閉装置内のガス

JEC-2390：2013の5.3による。

5.4 開閉装置の接地

JEC-2390：2013の5.4による。

14
JEC-2310:2014

5.5 補助機器及び制御機器
JEC-2390:2013 の 5.5 による。

5.6 外部動力による操作
JEC-2390:2013 の 5.6 による。

5.7 蓄勢待機式操作
JEC-2390:2013 の 5.7 による。

5.8 蓄勢即動式操作
JEC-2390:2013 の 5.8 による。

5.9 開閉制御装置
JEC-2390:2013 の 5.9 による。

5.10 低圧鎖錠，警報と監視装置
JEC-2390:2013 の 5.10 による。ただし，ガス断路器及びガス接地開閉器の場合，低圧鎖錠装置を設けない。

5.11 銘板
JEC-2390:2013 の 5.11 及び次による。

断路器及び接地開閉器の銘板は，本体銘板と操作装置銘板とがある。

銘板は，見えやすい位置に振動・その他によって緩まないように取り付けなければならない。また，銘板は耐候性かつ耐腐食性のものでなければならない。

注記　当事者間の協議によって，本体銘板と操作装置銘板とを合わせて1枚の銘板としてもよい。

次に記載する事項以外にも，必要な場合，それに応じ記載する。

a) 本体銘板　本体銘板には，次の事項を明瞭に記載しなければならない。

名称	
形式	
定格電圧	kV 又は V
定格雷インパルス耐電圧	kV
定格開閉インパルス耐電圧 [1]	kV
定格商用周波耐電圧	kV
定格電流 [2]	A
定格周波数	Hz
定格短時間耐電流	kA
定格ガス圧力 [3]	MPa
定格端子荷重 [4]	N
総質量 [5]	kg 又は t
規格番号	**JEC-2310:2014**
製造番号	
製造年	西暦
製造業者名	

注 [1]　"定格開閉インパルス耐電圧"については，定格電圧 204 kV 以上に適用する。

　　[2]　"定格電流"については，断路器に適用する。

　　[3]　"定格ガス圧力"については，ガス断路器及びガス接地開閉器に適用する。

4) "定格端子荷重"については，定格電圧 72 kV 以上の気中断路器に適用する。

その値は F_{a1} とする（4.102 参照）。

5) "総質量"については，気中断路器に適用し，附属品を除く質量とする。

なお，ループ電流開閉能力をもつ断路器及び誘導電流開閉能力をもつ接地開閉器は，次の事項を記載する。接地開閉器の静電誘導電流開閉能力の記載の要否については，当事者間の協議によって決定する。

- ループ電流開閉能力

  ループ電流　　　　　kA 又は A

  回復電圧　　　　　　V

- 誘導電流開閉能力

  電磁誘導電流　　　　kA 又は A

  電磁誘導電圧　　　　V

注記　接地開閉器の誘導電流開閉能力は，一般に電磁誘導電流の開閉能力によって決まることが大半であるため，静電誘導電流開閉能力の記載については，当事者間の協議によって決定することとした。

b) 操作装置銘板　操作装置には，次の事項を明瞭に記載しなければならない。

名称

形式

定格操作電圧　　　　V 交直流の別

定格制御電圧　　　　V 交直流の別

規格番号　　　　　　JEC-2310：2014

製造番号

製造年　　　　　　　西暦

製造業者名

5.12　インタロック装置

JEC-2390：2013 の 5.12 及び次による。

断路器に附属して設置する接地開閉器は，少なくともその断路器が開路時にだけ接地開閉器の閉路操作ができ，かつ，接地開閉器が開路時にだけ断路器の開閉操作ができるよう，インタロックを構成しなければならない。接地開閉器は，これらの条件のほかにインタロックが必要な場合は，当事者間の協議によって決定する。

5.13　開閉表示器

JEC-2390：2013 の 5.13 及び次による。

a) ガス断路器及びガス接地開閉器の場合，開閉状態を確認できるような機械的開閉表示装置を設ける。電気的開閉表示装置は，当事者間の協議によって設けてもよい。

b) 気中断路器及び気中接地開閉器の場合，操作装置の位置から開閉状態が確認できないものについては，機械的開閉表示装置を設ける。

5.14　容器

JEC-2390：2013 の 5.14 による。

5.15　屋外設置における漏れ距離

JEC-2390：2013 の 5.15 による。

5.16 ガス及び真空の気密性
JEC-2390：2013 の 5.16 による。

5.17 作動油
JEC-2390：2013 の 5.17 による。

5.18 火災危険性
JEC-2390：2013 の 5.18 による。

5.19 電磁両立性（EMC）
JEC-2390：2013 の 5.19 による。

5.101 断路器及び接地開閉器の主要部構造

5.101.1 接触部
断路器及び接地開閉器の接触部は，接触圧力が多数回の操作及び長年月の使用に対し，規定する性能を維持できる構造でなければならない。特に自力接触の気中断路器の場合は，その構造及び接触圧力の耐久性を十分保証しなければならない。また，適用される回路条件によっては，電流開閉をすることで，接触部にアークによる損傷が発生するおそれがある。この場合には，発弧部に耐アーク材料を用いること，アークホーン又はアーク接触子などによって，接触部の損傷を防ぐことが必要である。アークによって消耗する部品は，容易に取替可能な構造とする。ただし，特にアークによって消耗しても規定の動作及び特性の維持に影響のないように設計されたものは，この限りではない。

> 注記　気中断路器の場合，接続する電線などの微小揺動によって，通電部が摩耗し，異常な温度上昇を発生しないよう，考慮した構造とする。

5.101.2 開閉状態の保持
断路器及び接地開閉器は，閉路状態又は開路状態において，短絡時の電磁力・その他の外力によって自然に開閉することがないよう，安全装置，又はこれに類似する装置を設けなければならない。ただし，自然に開閉することがない構造のものについては，この限りではない。

気中断路器及び気中接地開閉器の場合は，屋外では風圧を考慮しなければならない。

> 注記　フック棒操作気中断路器では，閉路状態を保持するために安全かぎ止め（安全クラッチ）を要求される場合もある。

5.101.3 手動操作方向
気中断路器及び気中接地開閉器の手動操作の方向は，上下のものは，下側が閉路，上側が開路とし，水平のものは操作装置を上から見て，時計回り方向を閉路，反時計回り方向を開路とする。ただし，上記の操作方向に該当しない場合は，当事者間の協議によって決定する。

5.101.4 接地開閉器・接地装置の操作性能及び構造
接地開閉器・接地装置の操作性能及び構造は，次による。

a) **接地開閉器の操作性能及び構造**　接地開閉器は，無電圧の線路，母線部分などの主回路の接地が安全に操作できる構造とする。断路器に附属して設置する接地開閉器は，その断路器が開路状態で，反対極が充電されていても，安全に操作できる構造とする。

b) **接地装置の操作性能及び構造**　接地装置の操作性能及び構造は，接地開閉器に準じる。ただし，気中断路器に取り付ける接地装置は，指定された場合に限り，断路器が開路状態で，反対極が充電されていても，安全に操作できる構造とする。

気中断路器の接地装置は，断路器の使用回路が，無電圧の状態で操作されるものであるが，変電所母線用断路器などに附属して設置される接地装置では，反対極が充電された状態で開閉する必要が生じる。

理想的には，接地装置が開閉途中及び最終位置のどの点であっても，反対極と大地との間には，**JEC-2390：2013** の**表 2** 又は**表 3** の絶縁強度があることが望ましいが，接地装置の構造によっては，開閉途中で JEC-2390：2013 の**表 2** 又は**表 3** の対地絶縁強度よりも一時的に低下することがある。ただし，使用条件によっては，開閉途中で JEC-2390：2013 の**表 2** 又は**表 3** の絶縁強度が必要でない場合もあるので，使用者は購入に当たって，使用条件（耐電圧値など）を指定しなければならない。

5.102 ガス断路器の電流開閉性能及び主要部構造

ガス断路器の場合，単に充電された電路の開閉操作のほか，ループ電流，進み小電流，遅れ小電流の電流開閉性能などを要求される場合がある。これらの電流開閉性能が要求された場合は，必要に応じて，接触部に耐アーク材料を装備し，又は消弧装置を設けるなど，要求される電流開閉性能を満足できる構造とする。

なお，抵抗付断路器については **5.105** に規定する。

　　注記　ガス断路器は，要求される電流開閉性能に応じて，主要部に次のような構造が採用されている。

a) 並切消弧形断路器
b) 吹き付け消弧形断路器（パッファ形断路器）
c) 吸い込み消弧形断路器
d) 磁界消弧形断路器
e) 自力消弧形断路器（熱パッファ形断路器）

5.103 ガス接地開閉器の用途，電流開閉性能及び主要部構造

5.103.1 ガス接地開閉器の用途

ガス接地開閉器は，無電圧の線路や，母線部分などの主回路の接地を主たる用途としているが，それ以外に，次のように，接地絶縁端子としての用途，電流開閉性能などが要求される。

a) **接地絶縁端子としての用途**　ガス接地開閉器の接地端子を大地電位から絶縁し，主回路抵抗測定，絶縁抵抗測定などに要求される用途。

　　注記 1　電気協同研究第 **52** 巻第 **1** 号（ガス絶縁開閉装置仕様・保守基準）に代表的な接地絶縁端子の用途が記載されている。

b) **誘導電流開閉性能**　隣接の運転回線からの，電磁及び静電誘導電流の開閉能力をもつ。

c) **ケーブル残留電荷放電性能**　ケーブル送電線用の接地開閉器の場合，ケーブル残留電荷の放電性能をもつ。ただし，巻線形計器用変圧器を三相に設置してケーブル残留電荷放電機能をもたせる場合が多く，抵抗付接地開閉器のようにケーブル残留電荷放電性能を接地開閉器にもたせるかについては，当事者間の協議によって決定する。

　　注記 2　短絡投入性能をもつ接地開閉器は，市場のニーズがなく，使われていないので，特別な要求がない限り規定しない。

5.103.2 接地絶縁端子の構造

ガス接地開閉器の接地端子は，要求される用途を満足できる構造をとるとともに，所要の耐電圧性能をもたなければならない。

　　注記　電気協同研究第 **52** 巻第 **1** 号（ガス絶縁開閉装置仕様・保守基準）に，標準的な接地絶縁端子の耐電圧値が記載されている。

5.103.3 誘導電流開閉性能及び主要部構造

必要に応じて，接触部に耐アーク材料を装備し，消弧装置を設けるなど，要求される誘導電流開閉性能

を満足できる構造とする。

5.103.4 ケーブル残留電荷放電性能及び主要部構造

ケーブル残留電荷放電性能を満足させるために必要な構造とする。

このために投入抵抗を装備する場合は，抵抗体は，残留電荷の放電による熱エネルギーを十分吸収できる熱容量をもたなければならない。

5.104 ベース分離形断路器

ベース分離形断路器の構造例を図3に示す。ベース分離形断路器は，固定接触子が上母線に設置されている構造で，下母線に設置されている可動接触子が動作することによって，上母線と下母線とを接続する断路器である。

ベース分離形断路器は，開閉及び通電可能な接触範囲を，図4で示すように，L，S，Uを用いて明示しなければならない。また，固定接触子取付部に与える反力の最大値を明示しなければならない。

ベース分離形気中断路器は，その構造によって開閉可能な範囲（捕捉範囲）と通電可能な範囲とが異なるものがある。接触子を捕捉した後，通電可能な範囲に接触位置を変える構造の断路器では，接触面を捕捉範囲によって示し，その性能は，通電可能な範囲で保証する。

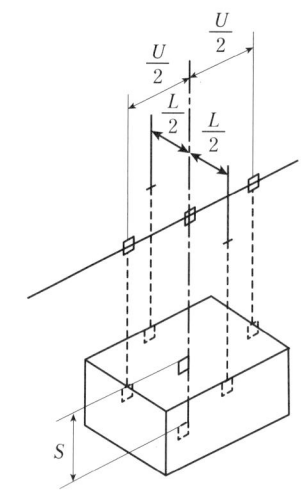

図4—ベース分離形断路器の接触範囲

5.105 抵抗付断路器

断路器の充電電流開閉操作時に断路器同相主回路端子間の再点弧によって断路器サージが発生するが，ガス断路器において，そのサージ電圧が変電所内のシステム及び機器の絶縁設計に影響を及ぼすことがある。システム及び機器のコンパクト化及び信頼性向上を目的として，断路器サージレベルを抑制するために，抵抗体を装備した断路器を用いることがある。

図5に3種類の抵抗付断路器の回路例を示す。アーク移行方式は，例えば開極途中に電流を主接点から抵抗接点に移行させることによってサージ電圧を抑制する。直列抵抗方式，並列抵抗方式は，抵抗体を接点に直列又は並列に配置する。

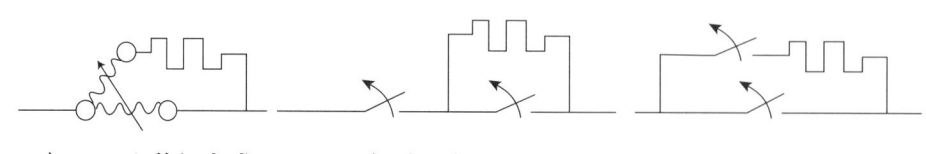

a) アーク移行方式　　b) 直列抵抗方式　　c) 並列抵抗方式

図5—抵抗付断路器の回路例

注記　2014年現在，国内では，抵抗付断路器の回路としてa)のアーク移行方式が適用されている。

抵抗体はそれ自身に印加される断路器サージ電圧に対する絶縁耐力をもっていなければならない。また自身に流れる電流による発熱に対する熱的耐性をもっていなければならない。

　　注記　抵抗の代表的な値は，200 Ω〜1 000 Ωである。サージ倍数は，抵抗体の抵抗値と回路のインピーダンスとの比に依存する。

6 形式試験

6.1 一般事項

形式試験項目は，**JEC-2390：2013**の**6.1**に加え，次の諸項目による。

i) 端子荷重試験
j) ループ電流開閉試験
k) 誘導電流開閉試験
l) 進み小電流開閉試験
m) インタロック装置確認試験
n) 抵抗付断路器における確認試験

　　注記　例えば，過去の規格で形式試験に合格した機器が，この規格の規定に対応する条件を満足しない項目がある場合には，その項目の試験を実施することで，その他のすべての項目について再度試験を実施しなくても，この規格の形式試験に合格したとみなしてよい。

6.2 構造検査

JEC-2390：2013の**6.2**による。

6.3 主回路の耐電圧試験

JEC-2390：2013の**6.3**による。

6.4 主回路抵抗測定

JEC-2390：2013の**6.4**による。

6.5 開閉試験

6.5.1 開閉試験

開閉試験は，次の諸試験を含み，これらの試験の一部又は全部を同時に行ってもよい。

a) 手動開閉試験
b) 最低動作電圧測定
c) 開閉特性試験
d) 連続開閉試験

開閉試験は，現場使用状態になるべく近い状態で，断路器及び接地開閉器に電流を流さず，かつ，電圧を加えないで行う。

　　注記　開閉試験は，現場における使用状態と同じ状態で規定の電圧・電流のもとで行うことが理想である。しかし，このような状態での試験の実施は困難であり，またこの試験の目的が主として断路器及び接地開閉器の機械的性能と操作能力とを確かめることにあるので，試験の便宜を考え，無電圧・無電流で行うこととした。

6.5.2 手動開閉試験

手動操作の断路器及び接地開閉器は，一人の力で確実かつ容易に開閉できなければならない。動力操作の断路器及び接地開閉器は手動でも支障なく開閉できなければならない。この試験は，連続開閉試験の前後に行う。

6.5.3 最低動作電圧測定

電気操作の断路器及び接地開閉器は，連続開閉試験の前後に，最低動作電圧を測定する。また，制御電圧と操作電圧との供給源が異なる断路器及び接地開閉器においては，次の条件で，試験を実施する。

a) 定格制御電圧における最低操作電圧の測定
b) 定格操作電圧における最低制御電圧の測定

6.5.4 開閉特性試験

電気操作の断路器及び接地開閉器は，操作電圧及び制御電圧の定格値並びに許容変動範囲の最高値及び最低値で開閉特性試験を行い，図6の各組合せにおいて動作特性曲線を測定し，時間は秒（s）又はミリ秒（ms），移動距離は全移動距離に対する百分率（％）又は平均開閉速度（m/s）を算出する。また，電気操作の断路器及び接地開閉器では，操作装置に供給される電流を測定する。

この試験は，連続開閉試験の前後に行う。

開閉特性試験時の操作電圧と制御電圧との組合せは，操作電圧と制御電圧とが許容の範囲で独立にとり得る場合，図6の各組合せで行う。

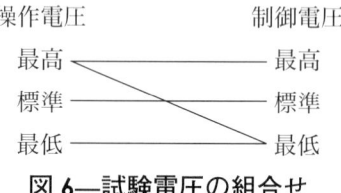

図6―試験電圧の組合せ

注記　図6の組合せのほか，断路器及び接地開閉器の操作形式の相違によって種々の組合せも出てくるが，これについては，当事者間で協議のうえ具体的組合せを決定することが望ましい。

6.5.5 連続開閉試験

断路器及び接地開閉器は表6の組合せのもとで，手動操作のものは合計100回，電気操作又は手動ばね操作のものは合計1 000回の開閉を連続で行い，次のいずれの特性にも異常があってはならない。

a) 主回路抵抗測定
b) 手動開閉試験
c) 最低動作電圧測定
d) 開閉特性試験

また，手動操作の断路器及び接地開閉器で，鎖錠装置を備えたものは，連続開閉試験の前後に鎖錠との関連動作の確認を行う。

連続開閉試験中，注油の保守は許容するが，調整及びその他の保守は行ってはならない。注油を行う場合，製造業者は，報告書及び保守基準に明示する。ただし，気中断路器及び気中接地開閉器の場合は，潤滑剤を途中で塗布してはならない。

表6―連続開閉試験の条件

操作方式	制御電圧及び操作電圧の条件	開閉回数
手動操作	―	100
電気操作又は手動ばね操作	定格値	900
	最高値	50
	最低値	50

注記1　手動操作の断路器及び接地開閉器の連続操作回数は100回であるが，試験の難易，使用条件を考慮して，電動機のような動力操作を用いて連続1 000回の試験を行うことが望ましい。

21
JEC-2310:2014

注記2 電気操作の断路器及び接地開閉器の連続操作回数については，IEC 62271-102のclass M0に合わせ1 000回とした。

注記3 JEC-2300：2010では，連続操作回数が2 000回となっており，電気操作の断路器及び接地開閉器に対して，連続2 000回の要求がある場合は，当事者間の協議によって，連続操作回数を2 000回としてもよい。このときの操作条件に対する開閉回数は，表6の値を2倍した値となる。

注記4 参考試験として，手動操作の断路器及び接地開閉器については1 000回連続開閉試験があり，電気操作の断路器及び接地開閉器については10 000回連続開閉試験があるが，この箇条の連続開閉回数をこれらの1 000回又は10 000回の耐用性能検証連続開閉試験回数の中に含めて考えてもよい。

6.5.6 試験結果の記載事項

開閉試験の結果は，表7に従って記載する。

表7―開閉試験結果の記載内容

a)	手動開閉試験	手動開閉の結果 操作力 連続開閉試験前後の別
b)	最低動作電圧測定	最低動作電圧 連続開閉試験前後の別
c)	開閉特性試験	操作電圧及び制御電圧　定格値に対する百分率（％）で表す 各操作電圧及び制御電圧のもとにおける操作装置に供給された電流（A） 各操作電圧及び制御電圧のもとにおける動作特性曲線。時間は秒（s）又はミリ秒（ms） 移動距離　全移動距離に対する百分率（％）で表す 平均開閉速度（m/s） 開閉時間（s） 連続開閉試験前後の別
d)	連続開閉試験	連続開閉の回数 連続開閉の結果

6.6 温度上昇試験

温度上昇試験は，JEC-2390：2013の6.6による。ただし，気中断路器の供試器は，連続開閉試験，端子荷重試験及び短時間耐電流試験がすんだ後，接触子及び通電部の修理・補修を行わない状態で試験を実施する。

制御，操作及び補助回路の温度上昇試験は定格値で行い，交流の場合は定格周波数で行う。連続的に電圧の印加されるものでは，最終温度上昇を確定できるまで続けなければならない。

操作装置・制御装置など開閉動作中にのみ電流の流れる回路に対しては，約1分間隔で10回の開閉動作を行った後の温度上昇値を測定する。

6.7 短時間耐電流試験

6.7.1 一般事項

JEC-2390：2013の6.7.1による。

6.7.2 供試器の状態及び試験条件

JEC-2390：2013の6.7.2による。

気中断路器及び接地開閉器の場合，電磁力がブレードを開く方向に加わるように供試器を配置しなければならない。

6.7.2.1 試験回路の構成

気中断路器の場合，供試断路器への接続電線の電磁力によって供試器に作用する力が，使用状態において作用する力と同程度となるように考慮して，試験回路の構成は，次のようにする。

a) 三相試験の場合　図7による。

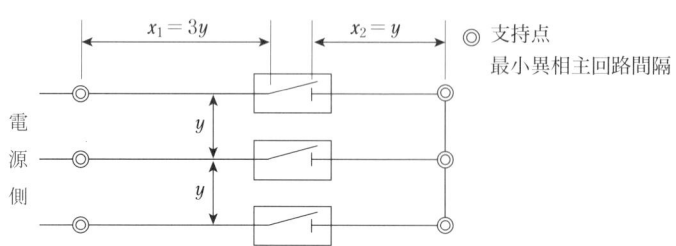

図7—三相短時間耐電流試験構成例

注記　試験回路の配置は，IEC 62271-102を考慮したが，実際の配置に比べてx_1が大きく過酷になると判断される場合には，当事者間の協議によって変更してもよい。

b) 単相試験の場合　単相試験の場合，水平切及び垂直切断路器では，供試器のブレードと同じ高さに最小異相主回路間中心間隔だけ離れた帰路を設けなければならない。

支持点の位置及び接続電線については，当事者間の協議によって決定する。ただし，一般の変電所で短絡の発生する条件を模擬するためには，少なくとも図8の配置をとり，接続電線のたるみをできるだけ少なくすることが望ましい。

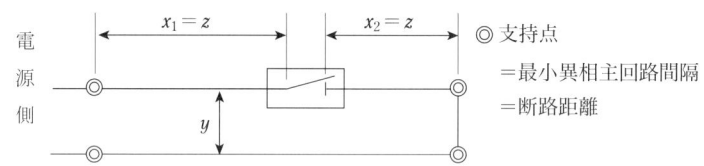

図8—単相短時間耐電流試験構成例

定格電圧が72 kV未満で，異相主回路間の気中絶縁距離が小さく，電磁力の影響が無視できない場合には，戻り導体を設ける必要がある。

パンタグラフ形断路器のようなベース分離形はパイプ母線に使用されるため，接続電線から加わる力は小さく，帰路の影響を受けることも少ないので，特に単相試験の構成は規定しない。

6.7.3　試験電流及び通電時間

JEC-2390：2013の6.7.3による。

6.7.4　試験中及び試験後における供試器の状態

断路器は，短時間耐電流試験後に定格電流I_rを通電させる能力をもつものとする。かつ，開閉操作が可能なことを確認するか，機械的損傷及び定格電流の通電に影響するような異常がないことを目視にて確認しなければならない。

接地開閉器は，短時間耐電流試験後に開閉操作が可能なことを確認する。ただし，接地装置は溶着を許容し，溶断開路してはならない。

6.7.5　試験結果の記載事項

JEC-2390：2013の6.7.5による。

6.8　電磁両立性（EMC）試験

電磁両立性（EMC）試験は，JEC-2390：2013の6.8による。ただし，断路器又は接地開閉器の制御回路又は操作回路に，サージによる誤動作が懸念される電子機器がある場合に試験を実施する。この場合

の試験電圧は，当事者間の協議によって決定する。

> 注記　JEC-2390：2013 では，JEC-0103 を適用してイミュニティ試験を実施することを規定している。イミュニティ試験に関しては，JEC-2300：2010 の解説 34 及び JEC-2350：2005 の解説 9 に記載があり，サージによる誤動作が懸念されるような電子機器がある場合に限定している。

6.9　制御，操作及び補助回路の耐電圧試験

JEC-2390：2013 の 6.9 による。

> 注記 1　供試電気回路が複雑で多岐にわたり試験の実施が困難な場合には，電気回路相互間，接点極間及びコイル端子間の試験は，当事者間の協議によって省略してもよい。
>
> 注記 2　電気事業用電気所内の断路器に適用される電動機の耐電圧試験値は，商用周波電圧は対地に 2 kV，雷インパルス電圧は対地に 4.5 kV が適用されている。この場合，試験の実施については当事者間の協議によって決定する。

6.101　端子荷重試験

6.101.1　一般事項

気中断路器の場合，端子荷重試験は端子取付部に 4.102 に示した定格端子荷重を図 2 及び図 3 のように片側の端子だけに加え，25 回の開閉操作を行った後，次の事項の測定を行う。ただし，荷重（F_{a1}, F_{a2}, F_{b1}, F_{b2}）は，それぞれ単独で加える。

a) 主回路抵抗測定

b) 開閉特性

c) 手動開閉試験

断路器は，定格端子荷重のもとにおいて，その性能を保証しなければならない。接触位置には若干の変化を生じるので良好な接触が保たれていることを確認する必要がある。

断路器の構造が非対称で片側の端子だけの試験では不十分と考えられる場合には，他端子についても同じ試験を繰り返す。

端子荷重を加えた後に実施する試験は，断路器を再調整しない状態で実施する。

> 注記　接触が保たれていることの確認方法として，試験を簡略にするため主回路抵抗の測定によるものとしたが，温度上昇試験を実施してもよい。開閉特性試験も，試験を簡略にするため，操作力の許容変動範囲の最低値だけで実施することとした。手動操作試験は操作力の測定が正確に行えない場合が多いので，支障なく開閉できることを確認すればよい。

6.101.2　主回路抵抗測定

6.4 によって主回路抵抗を測定し，その抵抗値 R が次を満足しなければならない。

$$R = R_\mathrm{u} \cdot \frac{235+T}{235+T_\mathrm{u}}$$

ここに　T　：最高許容温度
　　　　T_u：温度上昇試験における接触部の最高温度
　　　　R_u：温度上昇試験において測定した抵抗値

6.101.3　開閉特性試験

操作電圧・制御電圧の許容変動範囲の最低値で動力開閉試験を行い，動作特性曲線を測定し，平均開閉速度を算出する。

6.101.4　手動開閉試験

一人の力で支障なく開閉できることを確認する。

6.101.5 試験結果の記載事項

端子荷重試験の結果は，表8に従って記載する。

表8—端子荷重試験結果の記載内容

a)	主回路抵抗測定	端子荷重（N）及び F_{a1}, F_{a2}, F_{b1}, F_{b2} の別 周囲温度（℃） 測定電流（A） 主回路抵抗（μΩ）
b)	開閉特性	端子荷重（N）及び F_{a1}, F_{a2}, F_{b1}, F_{b2} の別 操作電圧　定格に対する（％）で表す 操作結果 平均開閉速度（m/s） 開閉時間（s）
c)	手動開閉試験	端子荷重（N）及び F_{a1}, F_{a2}, F_{b1}, F_{b2} の別 手動開閉結果

6.102 母線ループ電流開閉試験

6.102.1 一般事項

複母線ループ電流を開閉するガス断路器に適用する。

6.102.2 試験方法

図9のa)又はb)に示す回路によって，三相の遮断試験及び投入試験を行う。各相が独立のタンクに収納されている場合，及び各異相主回路間の影響が無視できる場合には，単相試験でよい。単相試験の回路は，図9のc)又はd)による。回路の力率は，0.15以下とする。

注記　接触子の消耗については遮断試験時のものが支配的であり，また投入時に電磁力の影響を受けにくい構造のものは，当事者間の協議によって投入試験を省略してもよい。

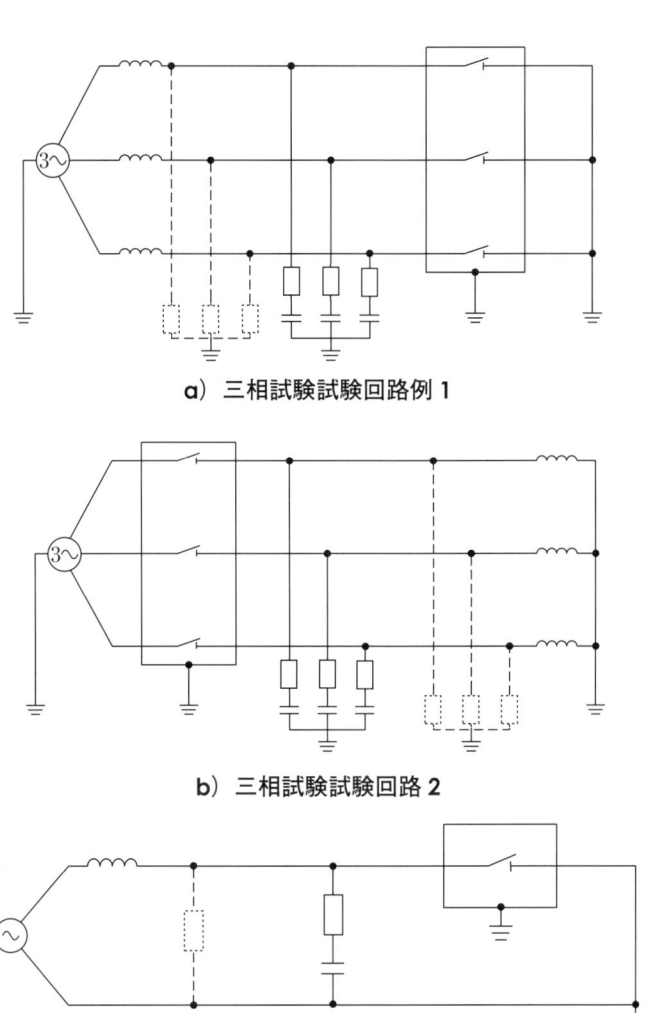

a) 三相試験試験回路例 1

b) 三相試験試験回路 2

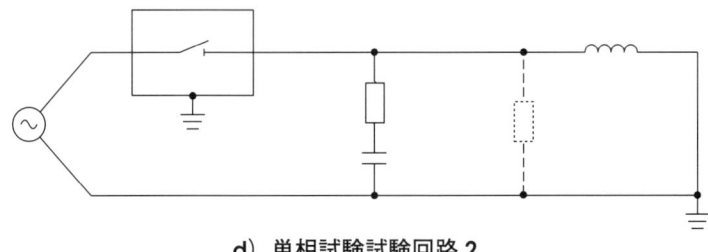

c) 単相試験試験回路 1

d) 単相試験試験回路 2

図 9―母線ループ電流開閉の試験回路

6.102.3 開閉電流

4.103.2 による。

6.102.4 試験周波数

試験周波数は，定格周波数の 80 % 以上 120 % 以下とする。

6.102.5 試験電圧

4.103.3 による。

注記 1 遮断後，回復電圧は，5 サイクル以上保持されることが望ましい。

注記 2 試験電圧の値は，**電気学会技術報告（II 部）第 216 号**（ガス絶縁開閉装置試験法）によった。

6.102.6 過渡回復電圧上昇率

遮断後の過渡回復電圧上昇率は，**表9**による。

表9—母線ループ電流過渡回復電圧上昇率及び試験回数

開閉電流 A	過渡回復電圧上昇率 V/μs	試験回数
4 000	100	100
3 200		
2 400		200
1 600		
960	50	
640		
480		

6.102.7 断路器の状態

断路器の状態は，次による。

a) **試験前** 断路器はできるだけ使用状態に近い配置とする。ガス圧力は，最低保証圧力値とする。

b) **試験中** ループ電流を遮断及び投入し，異常がない。

c) **試験後** 正常運転に支障を与えるような著しい特性変化がない。

6.102.8 操作電圧及び制御電圧

操作電圧は，最低値で行い，制御電圧は，定格値で行う。操作電圧・制御電圧が共通の場合は，ともに最低値で行う。

> 注記 開閉特性が操作電圧の定格値と最低値で同等と考えられる場合には，当事者間の協議によって操作電圧を定格値としてもよい。

6.102.9 試験回数

試験回数は，**表9**のとおりとする。ここで，1回とは，遮断及び投入を意味する。

6.102.10 試験結果の記載事項

母線ループ電流開閉試験の結果は，**表10**に従って記載する。

表10 － 母線ループ電流開閉試験結果の記載内容

a) 試験の方法	三相試験と単相試験との別
	試験回路
b) 試験条件	開閉電流（kA）又は（A）
	試験電圧（V）
	試験周波数（Hz）
	過渡回復電圧上昇率（V/μs）
	試験回数（回）
	力率
	操作電圧　定格値に対する百分率（%）で表す
	制御電圧　定格値に対する百分率（%）で表す
	ガス圧力（MPa）
c) 試験結果	平均開閉速度（m/s）
	アーク時間（サイクル）
	開離度（%）
	代表的オシログラム
d) 断路器の状態	試験前の状態
	試験中の状態
	試験後の状態

6.103　誘導電流開閉試験

6.103.1　一般事項

2回線以上併架した送電線回路に用い，電磁誘導電流及び静電誘導電流を開閉するガス接地開閉器に適用する。

6.103.2　試験方法

電磁誘導電流開閉試験は図10の回路によって，静電誘導電流開閉試験は図11の回路によって，三相の遮断試験及び投入試験を行う。各相が独立のタンクに収納されている場合，及び各異相主回路間の影響が無視できる場合には，単相試験でよい。回路の力率は，ともに0.15以下とする。

注記1　電磁誘導開閉試験によって静電誘導開閉能力の確認が可能と考えられる場合には，当事者間の協議によって，静電誘導開閉試験を省略してもよい。

注記2　接触子の消耗については，遮断試験時のものが支配的であり，また，投入時に電磁力の影響を受けにくい構造のものは，当事者間の協議によって，投入試験を省略してもよい。

注記3　誘導電流開閉性能を要求される接地開閉器は，同時に誘導電流の連続通電性能も要求される。この連続通電性能は，6.7の短時間耐電流試験によって十分確認が可能であるが，誘導電流が大きく，大きな温度上昇が予想される場合には，6.6に準じ温度上昇試験を行うことが望ましい。

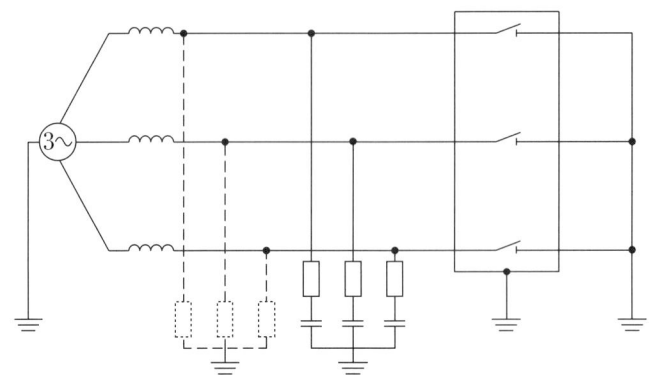

図10—電磁誘導電流開閉の試験回路

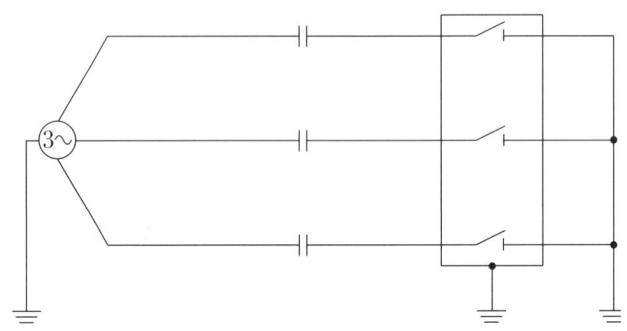

図11—静電誘導電流開閉の試験回路

6.103.3　開閉電流

4.104.2による。

6.103.4　試験周波数

6.102.4による。

6.103.5　試験電圧

4.104.3による。

6.103.6　過渡回復電圧上昇率

電磁誘導電流遮断後の過渡回復電圧上昇率は，**4.104.2**の**表4**による。振幅率は，1.6以上とする。

　　注記　遮断後，回復電圧は5サイクル以上保持することが望ましい。

6.103.7　接地開閉器の状態

a)　**試験前**　接地開閉器はできるだけ使用状態に近い配置とする。ガス圧力は最低保証圧力値とする。

b)　**試験中**　誘導電流を遮断及び投入し地絡等の異常がないこと。

c)　**試験後**　正常運転に支障を与えるような著しい特性変化がないこと。

6.103.8　操作電圧及び制御電圧

6.102.8による。

6.103.9　試験回数

電磁誘導電流開閉試験及び静電誘導電流開閉試験の試験回数は，遮断及び投入で1回とし，それぞれ100回とする。

6.103.10　試験結果の記載事項

6.102.10による。ただし，静電誘導電流開閉試験の結果については，過渡回復電圧上昇率は，記載不要とする。

6.104 進み小電流開閉試験
6.104.1 一般事項
遮断器と断路器との間の短い管路,及び遮断器の並列コンデンサなどの充電電流を開閉するガス断路器に適用する。

注記1 240 kV 未満の場合,当事者間の協議によって試験を省略してもよい。

注記2 240 kV 未満の機器については,次の理由によって一般的に試験を必要としない。

a) 遮断器と断路器との間の短い管路などに流れる充電電流は,非常に小さいため,電流の開閉自体は,問題とならない。

b) 240 kV 未満の機器は,運転電圧に対する雷インパルス耐電圧の割合が非常に大きく,進み小電流開閉時に断路器で発生する開閉過電圧に対して十分余裕がある。

6.104.2 試験方法

進み小電流開閉試験は,図 12 a) の回路によって三相の遮断試験及び投入試験を行う。各相が独立のタンクに収納されている場合,及び各異相主回路間の影響が無視できる場合には,単相試験でよい。単相試験の回路は,図 12 b) による。回路の力率は,0.15 以下とする。電源側の C_s の大きさは,負荷側の C_l の 10 倍以上とすることが望ましい。また,電源側の C_s と供試器との間に直列にインダクタンスを入れてもよい。

遮断試験及び投入試験は交互に行い,遮断試験の後,負荷回路の残留電荷を放電することなく,引き続き投入試験を行う。

注記1 注記1以外の理由によって単相試験を行う場合には,他相を接地するなど,他相の影響の模擬について当事者間の協議によって決定する必要がある。

注記2 遮断試験によって,投入試験の評価も可能と考えられる場合には,当事者間の協議によって投入試験を省略してもよい。

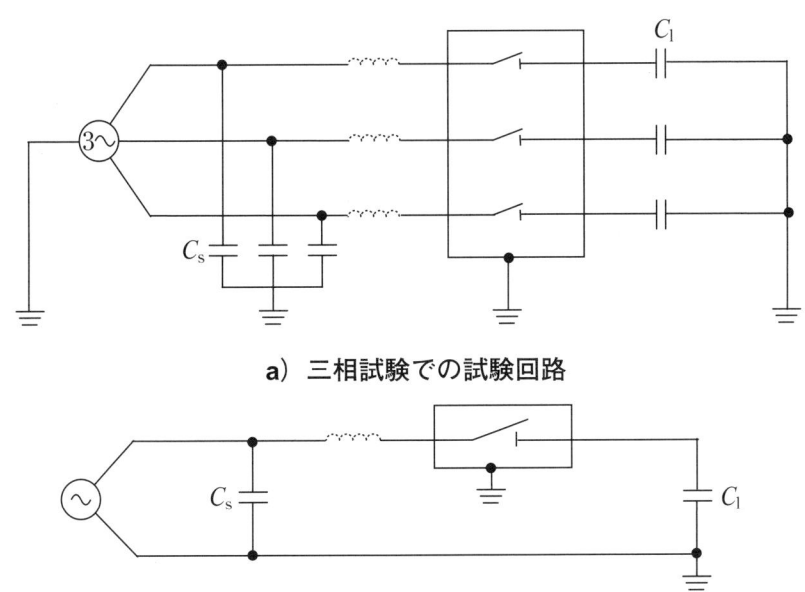

a) 三相試験での試験回路

b) 単相試験での試験回路

図 12—進み小電流開閉の試験回路

注記 電気学会技術報告(Ⅱ部)第 216 号(ガス絶縁開閉装置試験法)には,設備の制約によって通常の直接試験では十分な開閉過電圧を発生できない場合,試験効率を上げるため,模擬試験

法が紹介されている。**図13**は模擬試験回路であり，**a)** が単一電源法，**b)** が複電源法である。また，単一電源法の試験手順を**表11**に，複電源法の試験手順を**表12**に示す。適用に当たっては，当事者間の協議によって決定する必要がある。

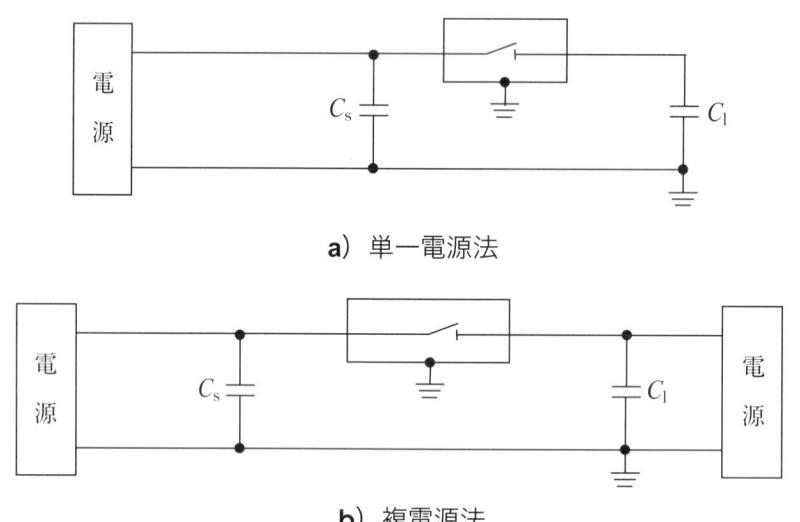

a) 単一電源法

b) 複電源法

図13—進み小電流開閉模擬試験回路

表11—単一電源法の試験手順

1	断路器の可動接触子をある位置 L_1 に固定し，電源側からインパルス電圧で同相主回路端子間せん絡（極間せん絡）させ，負荷側1 p.u.（1 p.u. とは定格電圧の対地波高値）に相当する電圧を残留させる。	
2	2 p.u. で極間せん絡する開極位置 L_2 に可動接触子を合わせる。	
3	負荷側の残留電圧と逆極性のインパルス電圧とで極間せん絡させる（再点弧現象模擬）。	

表12—複電源法の試験手順

1	2 p.u. で極間せん絡する開極位置 L_2 に可動接触子を合わせる。	
2	直流電圧発生装置などによって負荷側に1 p.u. に相当する残留電圧を蓄える。	
3	負荷側の残留電圧と逆極性のインパルス電圧とで極間せん絡させる（再点弧現象模擬）。	

6.104.3 試験周波数

6.102.4による。

6.104.4 試験電圧

4.105.3による。

注記　遮断後及び投入前5サイクルは，試験電圧を保持することが望ましい。

6.104.5　負荷側回路
負荷側回路は，極力実使用状態を模擬することが望ましい。負荷側回路の模擬として管路又はコンデンサを用いる。

6.104.6　試験回路の振幅率
極間せん絡時の試験回路の振幅率は，1.6以上とする。

試験回路上1.6以上の振幅率が得られない場合には，等価な開閉過電圧が得られるよう回復電圧を上げなければならない。

> 注記1　定格電圧300 kV，550 kVにおいては，進み小電流開閉時に発生する開閉過電圧の計算及び実測がかなり行われており，通常のGISにおいて断路器に発生する開閉過電圧は最大2.2 p.u.であることが**電気学会技術報告（Ⅱ部）第324号**（急峻波サージとGISの絶縁問題）に報告されている。負荷側に－1 p.u.の電圧が残留した状態で，負荷側が逆極性の波高値1 p.u.で極間せん絡したときに2.2 p.u.の開閉過電圧を発生させるためには，試験回路の振幅率を1.6以上にすることが望ましい。

> 注記2　同相主回路端子間の形状や絶縁回復特性をコントロールするか抵抗などを挿入することによって，大きな開閉過電圧を発生しにくくしている断路器がある。このため，試験において発生する開閉過電圧は2.2 p.u.を下回ることがある。

6.104.7　開閉過電圧の周波数
開閉過電圧の周波数は，数百キロヘルツ（kHz）から数十メガヘルツ（MHz）とする。

6.104.8　断路器の状態
断路器の状態は，次による。

a) **試験前**　断路器は，できるだけ使用状態に近い配置とする。ガス圧力は，最低保証圧力値とする。
b) **試験中**　進み小電流を遮断及び投入し，地絡などの異常がない。
c) **試験後**　正常運転に支障を与えるような著しい特性変化がない。

6.104.9　操作電圧及び制御電圧
6.102.8による。

6.104.10　試験回数
試験回数は，遮断及び投入で1回とし，200回行わなければならない。

6.104.11　試験結果の記載事項
進み小電流開閉試験の結果は，**表13**に従って記載する。

表13—進み小電流開閉試験結果の記載内容

a) 試験の方法	三相試験と単相試験の別 試験回路
b) 試験条件	開閉電流（A）又は（mA） 試験電圧（kV） 試験周波数（Hz） 振幅率 開閉過電圧 [a]（kV） 開閉過電圧倍数 [a]（p.u.） 開閉過電圧の周波数 [a]（kHz 又は MHz） 試験回数（回） 力率 操作電圧　定格値に対する百分率（%）で表す 制御電圧　定格値に対する百分率（%）で表す ガス圧力（MPa） 注 [a]　電源側が 1 p.u.，負荷側が逆極性の 1 p.u. に対して，極間せん絡時に発生する固有の開閉過電圧とする。
c) 試験結果	平均開閉速度（m/s） アーク時間（サイクル） 開離度（%） 発生開閉過電圧（kV） 発生開閉過電圧倍数（p.u.） 代表的オシログラム
d) 断路器の状態	試験前の状態 試験中の状態 試験後の状態

注記　この試験の目的は，再点弧時の過電圧に対して断路器自体が耐えることの確認，及び実際に使用する回路に発生する開閉過電圧を知ることにある。特に後者のために，発生開閉過電圧の情報は，重要である。

6.105　インタロック装置確認試験

6.105.1　電気的インタロック装置確認試験

電気的インタロック装置確認試験は，次による。

a) **試験方法**　断路器と接地開閉器との間に電気的インタロック装置が構成されている機器については，表14に示す機器の状態において試験を実施し，それぞれの機器が動作しないことを確認する。

なお，試験回数は，それぞれ1回とする。

表14－電気的インタロック装置確認試験における機器状態

断路器の状態	接地開閉器の状態	投入指令を与える機器
閉路	開路	接地開閉器
開路	閉路	断路器

b) **試験結果の記載事項**　電気的インタロック装置確認試験の結果は，表15に従って記載する。

表15—電気的インタロック装置確認試験結果の記載内容

断路器の状態
接地開閉器の状態
投入指令を与えた機器名
試験の結果

6.105.2 機械的インタロック装置確認試験

機械的インタロック装置確認試験は，次による。

a) **試験方法** 断路器と接地開閉器との間に機械的インタロック装置が構成されている機器については，表16に示す機器の状態において試験を実施し，それぞれの機器が所要性能を満足することを確認する。

なお，試験回数は，それぞれ1回とする。

1) 操作並びに制御回路に保護回路が設けられている場合には，保護回路を短絡したうえで上記確認試験を行う。

   保護回路が作動しない万一の場合を考え，保護回路を短絡した試験を行い，機械的インタロック装置が十分な機械的強度をもつことを確認するために実施する。

2) 操作並びに制御回路に保護回路が設けられている場合には，保護回路が作動することを確認する。

表16 －機械的インタロック装置確認試験における機器状態

断路器の状態	接地開閉器の状態	投入指令を与える機器	操作電圧	指令印加時間	所要性能
閉路	開路	接地開閉器	定格操作電圧が100V又は110Vの場合：125V 上記以外：定格操作電圧の110%	1分間	・投入不能である。 ・耐電圧性能が保持されている。 ・機械的インタロック確認試験後，断路器及び接地開閉器の開閉操作が可能。
開路	閉路	断路器			

注記1 直流100V又は110Vが制御電圧及び操作電圧である場合に対しては，変電所などでの制御及び操作電圧が125Vとなることがまれなこと，また，この電圧条件で機械的インタロック装置が動作することが極めてまれな事象であることから，当事者間での協議によって，表16の操作電圧を変更してもよい。

注記2 試験後は，モータ，コイルなどを交換してもよい。これは，操作機構によっては，いわゆるモータ拘束試験を行うことになるためである。

b) **試験結果の記載事項** 機械的インタロック装置確認試験の結果は，表17に従って記載する。

表17—機械的インタロック装置確認試験結果の記載内容

断路器の状態
接地開閉器の状態
投入指令を与えた機器名
指令印加時間（s）
操作電圧　定格値に対する百分率（%）で表す
試験の結果

6.106 抵抗付断路器における確認試験

6.106.1 一般事項

抵抗付断路器の形式試験は，すべての項目で抵抗付の状態で実施する。

特に次の試験時には，抵抗体の健全性確認のために，試験前後で供試器組込み状態での抵抗値を測定する。

a) 連続開閉試験
b) 母線ループ電流開閉試験
c) 進み小電流開閉試験

形式試験実施後は，抵抗体の外観調査を実施し，抵抗体部での絶縁破壊，及び機械的な損傷部のないことを確認する。このために，必要に応じ，断路器の分解を行ってもよい。

抵抗体の熱容量については，進み小電流開閉試験及び母線ループ電流開閉試験によって検証できるので，別途，熱容量の評価試験を実施する必要はない。

進み小電流開閉試験及び母線ループ電流開閉試験において，開又は閉操作ごとに冷却時間を設けてもよい。この場合は，製造業者が冷却時間を予め明示しておく。

6.106.2 連続開閉試験

6.5.5 の記載事項による。開閉試験後の目視確認において，抵抗体の確認も実施する。また，供試器組込み状態での抵抗体の抵抗値は，試験前の値と比較して変動幅5％以内とする。

6.106.3 母線ループ電流開閉試験

試験後の断路器は，**6.102** の要求事項を満足しなければならない。また，供試器組込み状態での抵抗体の抵抗値は，試験前の値と比較して変動幅5％以内とする。

6.106.4 進み小電流開閉試験

試験前に抵抗体が損傷することを避けるために，抵抗体を短絡するか，又は導体に置き換えてもよい。その場合は，進み小電流開閉試験前に短絡を開放するか，又は導体を抵抗体に戻す。

試験中は，対地間に加え，抵抗体でも絶縁破壊してはならない。試験中の対地又は抵抗体での放電については，適切な測定器・測定装置を用いて測定を行う。

試験後の断路器は，**6.104** の要求事項を満足しなければならない。また，供試器組込み状態での抵抗体の抵抗値は，試験前の値と比較して変動幅5％以内とする。

7 ルーチン試験

7.1 一般事項

JEC-2390：2013 の **7.1** 及び次による。

抵抗付断路器は，すべての項目で抵抗付の状態で実施する。

気中断路器及び接地開閉器の場合，試験項目のうち，当事者間の協議によって，商用周波耐電圧試験を適宜の数の抜取品に対して行うことができる。

なお，特別の場合には，このほか，開閉試験も適宜の数の抜取品に対して行うことができる。

7.2 構造検査

7.2.1 一般構造検査

JEC-2390：2013 の **7.2.1** による。

7.2.2 気密試験

JEC-2390：2013 の **7.2.2** による。

7.3 主回路の耐電圧試験

JEC-2390：2013 の **7.3** 及び次による。

気中断路器の場合，気中断路器が閉状態の主回路と大地との間に加圧する。

なお，同相主回路端子間耐電圧値については，当事者間の協議によって決定する。

注記1 気中断路器の同相主回路端子間耐電圧は，絶縁距離で決定し，構造検査の寸法測定で確認できるため，閉状態における主回路と大地との間だけとした。

注記2 商用周波耐電圧試験について，**IEC 62271-102**では，**図14**及び**表18**のようになっている。

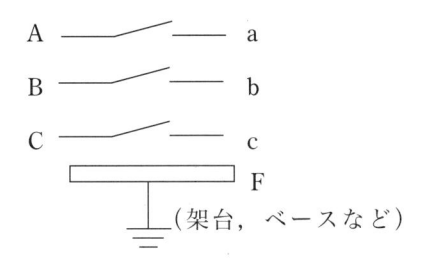

```
A ——/ —— a
B ——/ —— b
C ——/ —— c
        ———————  F
         ⏚ （架台，ベースなど）
```

図14―電圧印加方法

表18―電圧印加方法

試験 No.	断路器の状態	印加端子	接地端子
1 [a]	閉	AaCc	BbF
2 [a]	閉	Bb	AaCcF
3	開	ABC	abcF
4	開	abc	ABCF
5 [b]	開	ABC	接地開閉器

注 [a] 気中断路器の場合は，閉状態の主回路とベースとの間に電圧を印加し，試験No.1とNo.2とを同時に行ってもよい。

注 [b] 動作途中の接地ブレード先端と充電部ABCとの距離が最も短くなる位置で行う。

7.4 主回路抵抗測定

JEC-2390：2013の**7.4**による。

注記 主回路抵抗測定試験は，温度上昇試験に代わるものである。

7.5 開閉試験

開閉試験は，次の諸試験からなり，**6.5**に準じて行う。

a) 手動開閉試験
b) 最低動作電圧測定
c) 開閉特性試験
d) 連続開閉試験

開閉試験は，現場使用状態になるべく近い状態で，断路器及び接地開閉器に電流を流さず，かつ，電圧を加えないで行う。

注記 断路器及び接地開閉器は，単独で開閉試験を行ってもよいが，ほかの断路器，接地開閉器，遮断器など電気的インタロックを設けている場合は，当事者間で協議のうえ，開閉試験時に電気的インタロックを確認してもよい。

7.5.1 手動開閉試験

手動開閉試験は，**6.5.2**による。

7.5.2 最低動作電圧測定

最低動作電圧測定は，**6.5.3**による。

7.5.3 開閉特性試験

開閉特性試験は，**6.5.4**による。ただし，動作特性曲線の測定は行わない。

7.5.4 連続開閉試験

断路器及び接地開閉器は**表19**の組合せのもとで，手動操作のものは20回，電気操作のものは定格値において20回，最高値において10回，最低値において10回，連続で行い，いずれの部分にも支障があってはならない。

表19—連続開閉試験の条件

操作方式	制御電圧及び操作電圧の条件	開閉回数
手動操作	—	20
電気操作	定格値	20
	最高値	10
	最低値	10

7.6 制御，操作及び補助回路の耐電圧試験

JEC-2390：2013の**7.6**による。

電動機については，**6.9**による。

7.7 試験結果の記載事項及び試験報告書

JEC-2390：2013の**7.7**による。

8 参考試験

8.1 一般事項

JEC-2390：2013の**9.1**による。

8.2 参考試験項目

JEC-2390：2013の**9.2**の試験項目に加え，耐用性能検証連続開閉試験，及び遅れ小電流開閉試験について規定する。

> 注記 参考試験として考えられる項目であっても，今後の研究の成果に待つところが多いので，規定しないこととした。項目として，**JEC2390：2013**の**9.2**の注記に示すほかに，次に示す項目がある。
> ・氷結試験，接触範囲試験，めっき試験
> このうち，騒音試験（**JEC-2390：2013**の**9.2**の注記）は，ガス断路器を対象としたもの。
> 接触範囲試験は，気中断路器を対象としたもの。

8.3 部分放電試験

JEC-2390：2013の**9.3**による。ただし，**JEC-2390：2013**の**9.3.3**（非電気的検出方法による試験）によって，気中の可視コロナを検出する場合は120 kV以上の気中断路器及び接地開閉器について行う。

> 注記 **JEC-2390：2013**の**9.3.2**について，設備の都合上，単相試験を実施する場合は，三相試験のときに比べて電界が低くなることがあり，常規対地電圧に適切な係数を乗じるのがよいと考えられる。ただし，この係数は試験設備の条件などで変わることがあるので，その都度，当事者間の協議によって決定することが望ましい。

8.4 耐環境性試験

JEC-2390：2013の**9.4**による。

8.5 耐震性能の試験
JEC-2390：2013 の 9.5 による。

8.6 輸送試験
JEC-2390：2013 の 9.6 による。

8.7 主回路の電磁放射試験（ラジオ障害電圧の測定）
JEC-2390：2013 の 9.7 による。

8.8 屋外がいしの人工汚損試験
JEC-2390：2013 の 9.8 による。

8.101 耐用性能検証連続開閉試験

8.101.1 一般事項
動力操作の断路器及び接地開閉器においては，10 000 回，フック棒操作の断路器，手動操作の断路器，並びに接地開閉器においては，1 000 回の連続開閉試験を実施し，耐用性能を検証する。

 注記　この試験は，長期にわたる断路器及び接地開閉器の寿命を保証するものではなく，断路器及び接地開閉器の信頼性及び保守上の参考資料を得るために行う。

8.101.2 試験条件
試験条件は，次による。

a) 断路器は，常温かつ無負荷無課電とする。
b) 接地開閉器は，常温とする。
c) 操作電圧及び制御電圧は，定格値とする。
d) 接触子その他機構部分に潤滑剤を適時塗布してもよい。
e) 定期的な交換を前提とした附属品の途中取替えについては，当事者間の協議によって決定する。

8.101.3 開閉試験
連続開閉試験中の一定回数ごとに，6.5.4 に準じて，開閉特性試験を行う。

 注記　試験の詳細は当事者間の協議によって決定する。
   なお，6.5.5 の連続開閉試験をこの試験の一部に含めてもよい。

8.101.4 分解点検
点検間隔，点検項目，点検時の補修などの詳細については，当事者間の協議によって決定する。

8.102 遅れ小電流開閉試験

8.102.1 一般事項
無負荷変圧器の励磁電流を開閉するガス断路器に適用する。

 注記　励磁電流を開閉する断路器は，配電用変電所のガス絶縁開閉装置において変圧器回路に適用するものであり，定格電圧 168 kV 以下の場合が多い。

8.102.2 試験方法
遅れ小電流開閉試験は，図 15 a) の回路によって，三相の遮断試験及び投入試験を行う。

試験設備の制約によって単相試験を行ってもよいが，三相試験の場合と等価であることが確かめられていなければならない。単相試験回路は，図 15 b) 又は c) による。

a) 三相試験回路

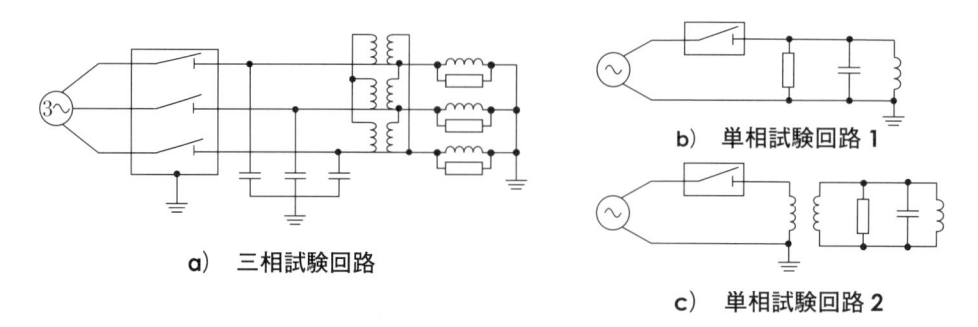

b) 単相試験回路 1

c) 単相試験回路 2

図 15—遅れ小電流開閉の試験回路

注記　負荷側回路は，図 15 に示すようにリアクトル・コンデンサ及び抵抗器を組み合わせて構成することが望ましいが，固有過渡回復電圧の周波数が表 20 の範囲内にあり，かつ，振幅率が 8.102.6 に示す 1.2 以上である限り，負荷側回路に無負荷変圧器を用いるか，又は図 16 a) 又は b) に示すような回路を用いてもよい。

なお，過電圧の値を論じる場合には，図 16 a) 又は b) の回路を用いることは，本来の回路における現象と異なるので注意を要する。

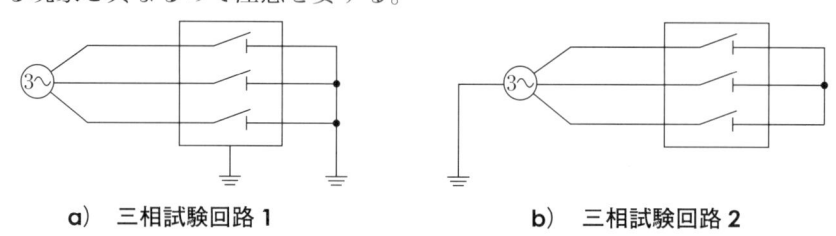

a) 三相試験回路 1

b) 三相試験回路 2

図 16—特殊条件での遅れ小電流開閉の試験回路

8.102.3　開閉電流

開閉電流は，3 A 以下とする。

8.102.4　試験周波数

6.102.4 による。

8.102.5　回復電圧

回復電圧は，遮断又は投入直前の供試断路器端子における線間電圧を実効値で表す。ひずみが大きい場合には，発弧直前の電圧の波高値を $\sqrt{2}$ で割った値で表す。三相試験では，各線間電圧値の平均値とする。回復電圧は，次の値以上とする。

a) 三相断路器の三相試験　　E

b) 三相断路器の単相試験

・定格電圧 204 kV 以上の断路器に対しては　$\dfrac{E}{\sqrt{3}}$

・定格電圧 168 kV 以下の断路器に対しては　$\dfrac{1.5E}{\sqrt{3}}$

ただし，E は断路器の定格電圧である。

注記　回復電圧は，遮断後及び投入前 5 サイクル以上保持することが望ましい。

8.102.6　固有過渡回復電圧の周波数

固有過渡回復電圧の周波数は，表 20 に示す範囲内とする。振幅率は，1.2 以上とする。

表 20—固有周波数

定格電圧 kV	固有周波数 Hz
3.6 ～ 12	500 ～ 800
24	400 ～ 600
36	300 ～ 500
72 ～ 84	200 ～ 400
120 ～ (550)	100 ～ 300
注記	無負荷変圧器の励磁電流を開閉する断路器は，一般に定格電圧 168 kV 以下が多いため，550 kV については括弧に入れた。

8.102.7 試験回路の接地

三相試験の場合の電源側中性点は，有効接地系用断路器に対しては直接接地，その他に対しては非接地とする。

8.102.8 断路器の状態

断路器の状態は，次による。

a) **試験前** 断路器はできるだけ使用状態に近い配置とする。ガス圧力は最低保証圧力値とする。
b) **試験中** 遅れ小電流を遮断及び投入し，異常がない。
c) **試験後** 正常運転に支障を与えるような著しい特性変化がない。

8.102.9 操作電圧及び制御電圧

6.102.8 による。

8.102.10 試験回数

遮断及び投入で 1 回とし，100 回行わなければならない。

8.102.11 試験結果の記載事項

遅れ小電流開閉試験の結果は，表 21 に従って記載する。

表 21—遅れ小電流開閉試験結果の記載内容

a)	試験の方法	三相試験と単相試験の別試験回路
b)	試験条件	開閉電流 (A) 回復電圧 (kV) 試験周波数 (Hz) 過渡回復電圧 (kV) 過電圧倍数 試験回数 (回) 力率 操作電圧　定格値に対する百分率 (%) で表す 制御電圧　定格値に対する百分率 (%) で表す ガス圧力 (MPa)
c)	試験結果	平均開閉速度 (m/s) アーク時間 (サイクル) 開離度 (%) 代表的オシログラム
d)	断路器の状態	試験前の状態 試験中の状態 試験後の状態

附属書 A
（規定）
気中断路器及び気中接地開閉器の開閉能力

A.1 一般事項

気中断路器は，無電流開閉を行うものであるが，実際には定格電流よりはるかに小さい無負荷変圧器の励磁電流，線路及び母線の充電電流，又はループ電流の開閉も必要とされる場合がある。しかし，この開閉能力は，気中断路器の構造，取付方法，風速・風向きなどの周囲状況によってかなり大きく変化するので，これを定格とせず，適用の便のため，その限度の標準値を示していた。また，開閉能力の試験は，これに影響する因子（例えば気象条件・回路条件など）についての資料が少ないので，参考試験とせず，今後，工場試験・現地試験を行うときに，これらの資料の蓄積を図り，試験結果の比較を容易にするよう，試験条件・測定項目などを明確にし，附属書として追加した。

A.2 気中断路器の限界開閉能力の標準値

屋外用気中断路器の進み・遅れ小電流開閉能力の標準値を表 A.1 に示す。

ループ電流の開閉においては，開離度のほかに接触子の損傷も限度の要素となる。断路器の構造によって接触子の損傷に差があり，標準値を規定するには資料不足のため，この規格においても数値を規定しなかった。したがって，ループ電流の開閉を行う場合は，その都度当事者間の協議によって決定することが望ましい。

一方，ループ電流開閉能力を増すため，一部の断路器では特にアーク接触子を設け，定格電流程度のループ電流の開閉に実用されている。これらのいわゆるアーク接触子付気中断路器は，負荷開閉器に近いものということができる。しかし，現在，負荷開閉器の JEC 規格はなく，開閉能力以外の点では一般の断路器と異ならない。これらの機器を除外するのは実際的でないので，表 A.2 にこれを示した（アーク接触子付気中断路器の進み・遅れ小電流開閉能力は，表 A.1 と同じである）。

気中断路器によって小電流の開閉を行うときは，次の点に注意することが望ましい。

a) 表 A.1 及び表 A.2 の標準値は，水平上向き取付けの屋外用気中断路器に対するものである。その他の取付け又は屋内の場合には，限界開閉能力が下がるので，その都度当事者間の協議によって決定することが望ましい。

b) 開閉速度は，通常，手動で操作し得る範囲内では，ほとんど開閉能力に影響を及ぼさないが，個人差をなくすため，動力操作が望ましい。

c) 主導電部と他の構造物との距離は，表 A.1 に推奨する異相主回路間中心間隔より大きくし，特に上方には，ほかの構造物を置いてはならない。

d) 接触子の損傷を防ぐため，アークホーンなどを付けることが望ましい。特に変圧器の無負荷投入及びループ電流の開閉は，著しい損傷を生じることがあるので，大きな電流に対しては，アーク接触子付気中断路器を用いることが望ましい。

e) 表 A.1 の異相主回路間中心間隔は，開閉中に雷サージの侵入する場合には，適用しない。

f) 変圧器の励磁電流は運転電圧によって，その電流値がかなり変化することがある。

JEC-2310:2014

表 A.1—屋外用気中断路器の限界開閉能力標準値

定格電圧 kV	異相主回路間中心間隔推奨値 mm		遅れ電流 A	進み電流 A
	水平一点切断路器	その他の断路器		
7.2	800 以上	400 以上	4	2
12	800 以上	600 以上	4	2
24	1 000 以上	750 以上	2	2
36	1 000 以上	900 以上	2	2
72	1 500 以上	1 500 以上	2	1
84	1 800 以上	1 700 以上	2	1
120	2 500 以上	2 200 以上	3	1
168	3 000 以上		3	1
204	3 500 以上		3	0.5
240	4 000 以上		2	0.5
300	5 000 以上		2	0.5
550	8 000 以上		—	0.5

注記　変圧器無負荷投入を行うとき，接触子の損傷を生じることがあるので，保守条件・開閉頻度などを考慮のうえ，限界値に近い場合にはアーク接触子付気中断路器を用いるのが望ましい。

表 A.2—屋外アーク接触子付気中断路器のループ電流限界開閉能力標準値

定格 kV	条件Ⅰ [a]	条件Ⅱ [a]	
		回復電圧 V	電流 A
7.2～36	回復電圧 V, 600, 300, 1/2I_n, I_n, 電流, I_n：定格電流	600	800
72～204		1 300	1 200
240～550		—	—

注記　異相主回路間中心間隔推奨値は，表 A.1 と同じ。
注 [a]　条件Ⅰは，変電所構内の母線切替えの際に相当し，条件Ⅱは，送電線路などのループ切り替えに相当する。

A.3 気中接地開閉器の誘導電流開閉能力の標準値

気中接地開閉器の誘導電流開閉能力の標準値を**表 A.3**に示す。

気中接地開閉器によって誘導電流の開閉を行うときは，次の点に注意することが望ましい。

a) 表 A.3 の標準値は，動力操作でアーク接触子付の気中接地開閉器に対するもの及び負荷開閉器（真空バルブ）を搭載するものであり，気中接地開閉器は機種・形式によって動作原理及び接触子構造が異なるので，その都度，当事者間の協議によって決定することが望ましい。

b) 表 A.3 の標準値は，開閉中にサージが侵入する場合は，考慮していない。

表 A.3—気中接地開閉器の誘導電流開閉能力の標準値

定格電圧 kV	電磁誘導 回復電圧 kV	電磁誘導 開閉電流 A	静電誘導 回復電圧 kV	静電誘導 開閉電流 A	条件
72, 84	3	300	45	1.5	動力操作・アーク接触子付
	1	500	35	2.5	
168～240	2.5	300	45	3	
	1	500			
300	3	400	45	3	
550	7.5	300	23	20	
300	24	1 200	23	20	負荷開閉器（真空バルブ）を搭載するもの [a]
550	36	1 200	23	20	
			35	7	

注 [a] 架空並行2回線送電線において，1回線停止時に運転回線側からの電磁誘導，静電誘導などによって，停止回線側に誘導電流が生じる。変電所内の機器，送電線などの保守点検を行うために，それらを接地するとき，又は接地を外すときにこの誘導電流を開閉しなければならず，送電線のこう長及び容量が大きくなるのに伴い，気中接地開閉器で開閉しなければならない責務は苛酷になる。このため，開閉性能付接地開閉器として，真空開閉器を組み合わせる例もある。

A.4 開閉能力の試験

A.4.1 断路器のループ電流開閉試験

試験内容は，次による。

a) **試験方法** 6.102.2 による。
b) **開閉電流** 6.102.3 による。
c) **試験周波数** 6.102.4 による。
d) **試験電圧** 6.102.5 による。
e) **断路器の状態** 6.102.7 による。
f) **操作電圧及び制御電圧** 6.102.8 による。
g) **試験回数** 6.102.9 による。
h) **試験結果の記載事項** 6.102.10 による。

A.4.2 断路器の進み小電流開閉試験

試験内容は，次による。

a) **試験方法** 進み小電流開閉試験は，図 A.1 a) の回路によって三相の遮断試験及び投入試験を行う。通常，三相試験とするが，設備の都合で単相試験を行う場合は，図 A.1 b) の回路によって試験してもよい。回路の力率は，0.15 以下とする。
b) **開閉電流** 表 A.1 による。
c) **試験周波数** 6.104.3 による。
d) **試験電圧** 6.104.4 による。
e) **断路器の状態** 6.104.8 による。
f) **操作電圧及び制御電圧** 6.104.9 による。
g) **試験回数** 6.104.10 による。
h) **試験結果の記載事項** 6.104.11 による。

a) 三相試験回路

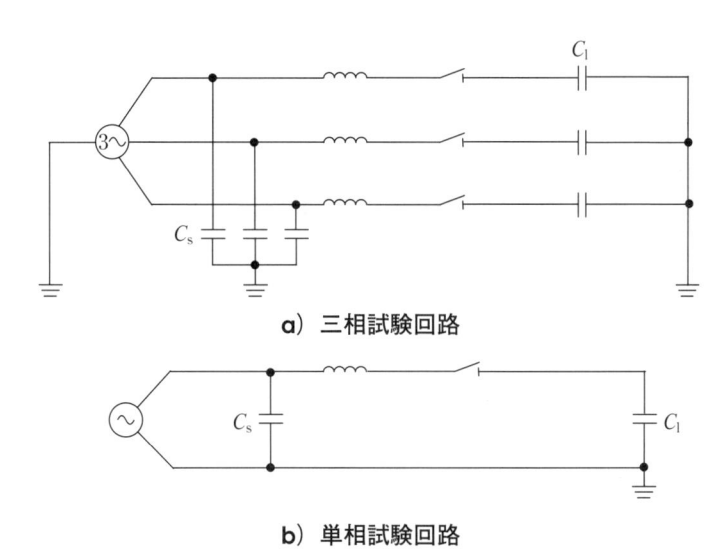

b) 単相試験回路

図 A.1—進み小電流開閉の試験回路

A.4.3 断路器の遅れ小電流開閉試験
試験内容は，次による。
a) 試験方法　8.102.2 による。
b) 開閉電流　表 A.1 による。
c) 試験周波数　8.102.4 による。
d) 試験電圧　8.102.5 による。
e) 固有過渡回復電圧の周波数　8.102.6 による。
f) 試験回路の接地　8.102.7 による。
g) 断路器の状態　8.102.8 による。
h) 操作電圧及び制御電圧　8.102.9 による。
i) 試験回数　8.102.10 による。
j) 試験結果の記載事項　8.102.11 による。

A.4.4 接地開閉器の誘導電流開閉試験
試験内容は，次による。
a) 試験方法　6.103.2 による。
b) 試験周波数　6.103.4 による。
c) 試験電圧　表 A.3 による。
d) 開閉電流　表 A.3 による。
e) 過渡回復電圧　6.103.6 による。過渡回復電圧上昇率が，6.103.6 に記載がない場合には，当事者間の協議によって決定する。
f) 接地開閉器の状態　6.103.7 による。
g) 操作電圧及び制御電圧　6.103.8 による。
h) 試験回数　6.103.9 による。
i) 試験結果の記載事項　6.103.10 による。

附属書 B
（参考）
断路器及び接地開閉器（接地装置）試験報告書

形式試験の報告書の例，及び記入上の注意事項について記載する。

B.1 試験報告書例
B.1.1 断路器

報告書番号

試験年月日　　時　　　年　　月　　日　　　試験
　　　　　　　至　　　年　　月　　日　　　照査

名称 a)＿＿＿＿＿＿＿＿＿＿＿＿＿＿＿＿＿＿＿　承認

断路器定格

形式 b)			定格ガス圧力	(MPa) d)
定格電圧		(kV)	定格端子荷重	(N) e)
定格耐電圧	雷インパルス	(kV)	規格番号	JEC-　：
	短時間商用周波数（実効値）	(kV)		
	長時間商用周波数（実効値）	(kV)		
定格周波数		(Hz)	総質量	(kg) f)
定格電流		(A)	ガス量	(kg) f)
定格短時間耐電流	(kA),	(s)	製造番号／製造年	
定格操作電圧	AC 又は DC	(V) c)	製造業者名	
定格制御電圧	AC 又は DC	(V) c)		

注 a)　断路器の名称を具体的に記入する。
　　　例　気中断路器の場合は，"三極単投水平中心一点切屋外用電動操作式接地装置付"
　　　例　ガス断路器の場合は，"三極単投直線切屋外用電動操作式接地開閉器付"
　b)　製造業者特有の形式記号を記入する。
　c)　AC，DC いずれか該当するものを残し，他方を消す。
　d)　"定格ガス圧力"については，ガス断路器に適用する。
　e)　"定格端子荷重"については，気中断路器に適用する。
　f)　断路器単体で明確な場合にだけ記入する。

45
JEC-2310:2014

B.1.2 接地開閉器（接地装置）

報告書番号

試験年月日　時　　　年　　月　　日　　　試験
　　　　　　至　　　年　　月　　日　　　照査
　名称 a)_____ 承認

接地開閉器定格

形式 b)				定格ガス圧力	(MPa) d)
定格電圧			(kV)	規格番号	**JEC-　：**
定格耐電圧	雷インパルス		(kV)	総質量	(kg) e)
	短時間商用周波数（実効値）		(kV)		
	長時間商用周波数（実効値）		(kV)		
定格周波数			(Hz)	ガス量	(kg) e)
定格短時間耐電流	(kA),		(s)	製造番号／製造年	
定格操作電圧	AC 又は DC	(V) c)		製造業者名	
定格制御電圧	AC 又は DC	(V) c)			

注 a)　接地開閉器の名称を具体的に記入する。
　　　　　例　"屋外用電動操作式回転形接地開閉器"
　　b)　製造業者特有の形式記号を記入する。
　　c)　AC，DC いずれか該当するものを残し，他方を消す。
　　d)　"定格ガス圧力"については，ガス接地開閉器に適用する。
　　e)　接地開閉器単体で明確な場合にだけ記入する。

B.1.3 構造検査
B.1.3.1 一般構造

項目		結果	項目		結果
一般構造	材料	良	タンク	タンク[a]	良
	パッキン	良			
	配管	良			
	防水構造	良			
	塗装及び塗色	良	接触・その他[b]	閉路接触状態	良
	防錆（さび）処理	良		開路状態	良
	組立状況及び取付方法	良		ブレードの動作状態	良
	取付寸法（外形図と対照）	良			
	各部のめっき箇所[b]	良	操作・制御装置・その他	操作状況	良
	がいし	良		操作箱	良
	ベース（溶接部分など）[b]	良		配線 使用電線	良
	接地端子	良		配線の端子接触方法	良
	外観検査	良		端子台の配列	良
	その他	良		制御コイル	良
				補助開閉器	良
断路器内部[a]	接触部	良		開閉表示器及び開閉表示灯	良
	接触子の動作機構	良		接地端子	良
	絶縁物の処理	良		機械的インタロック	良

注[a] ガス断路器及びガス接地開閉器に適用する。
注[b] 気中断路器に適用する。

B.1.3.2 気密試験

圧力 （MPa）	試験時間 （h）	漏れ量 （ppm/12 h）[a]	結果
			良

注[a] 漏れ量の単位は例であり，ある時間当たりのppmを単位として記載する。

B.1.3.3 コイル抵抗測定

測定箇所		抵抗値 (Ω)	周囲温度 (°C)	結果
制御コイル	閉路用			良
	開路用			良

B.1.3.4 主回路端子間抵抗測定

相	主回路端子間抵抗値 (μΩ)	周囲温度 (°C)	結果
A			良
B			良
C			良

試験電流 DC _____ (A)

B.1.4 耐電圧試験

B.1.4.1 商用周波電圧（乾燥の場合）

(1) 試験条件

周波数（Hz）
加圧時間（s）
絶縁媒体の圧力[a]（MPa）
注[a] 絶縁媒体の圧力については，ガス断路器及びガス接地開閉器に適用する。

(2) 大気状態

気圧（hPa）
気温（℃）
湿度（%）又は（g/m³）

(3) 断路器の試験結果

試験 No.	開閉状態	印加端子	試験電圧 (kV)	結果	備考
1	閉	Aa		良	電圧を印加する端子以外はすべて接地する。同相主回路端子間の試験の場合，タンク又はベースは大地に対し絶縁してもよい。
2	閉	Bb		良	
3	閉	Cc		良	
4	開	A		良	
5	開	B		良	
6	開	C		良	
7	開	a		良	
8	開	b		良	
9	開	c		良	

(4) 接地開閉器の試験結果

試験 No.	開閉状態	印加端子	試験電圧 (kV)	結果	備考
1	開	A		良	電圧を印加する端子以外はすべて接地する。
2	開	B		良	
3	開	C		良	

B.1.4.2 商用周波電圧（注水の場合）

(1) 注水条件

注水量の垂直成分（mm/min）
注水の抵抗率（Ω・m）
注水角度　　垂直方向に対して　度

(2) 試験条件

周波数（Hz）
加圧時間（s）

(3) 大気状態

気圧（hPa）
気温（℃）
湿度（％）又は（g/m^3）

試験結果の表示は，**B.1.4.1** に同じ。

注記　注水の試験については，気中断路器に適用する。

B.1.4.3 雷インパルス電圧（乾燥の場合）

(1) 試験条件

| 電圧波形　±1.2/50 (μs) |
| 絶縁媒体の圧力[a] (MPa) |

注[a]　絶縁媒体の圧力については，ガス断路器及びガス接地開閉器に適用する。

(2) 大気状態

| 気圧 (hPa) |
| 気温 (℃) |
| 湿度 (％) 又は g (g/m³) |

(3) 断路器の試験結果

試験 No.	開閉状態	雷インパルス電圧 印加端子	雷インパルス電圧 試験電圧 (kV)	商用周波電圧 印加端子	商用周波電圧 試験電圧 (kV)	結果	備考
1	閉	Aa		−		良	電圧を印加する端子以外はすべて接地する。同相主回路端子間の試験の場合，タンク又はベースは大地に対し絶縁してもよい。
2	閉	Bb		−		良	
3	閉	Cc		−		良	
4	開	A		a		良	
5	開	B		b		良	
6	開	C		c		良	
7	開	a		A		良	
8	開	b		B		良	
9	開	c		C		良	

(4) 接地開閉器の試験結果

試験 No.	開閉状態	雷インパルス電圧 印加端子	雷インパルス電圧 試験電圧 (kV)	商用周波電圧 印加端子	商用周波電圧 試験電圧 (kV)	結果	備考
1	開	A		−	−	良	電圧を印加する端子以外はすべて接地する。
2	開	B		−	−	良	
3	開	C		−	−	良	

B.1.4.4 開閉インパルス電圧（乾燥の場合）
(1) 試験条件

| 電圧波形　±250／2 500（μs） |
| 絶縁媒体の圧力[a]（MPa） |

注[a] 絶縁媒体の圧力については，ガス断路器及びガス接地開閉器に適用する。

(2) 大気状態

| 気圧（hPa） |
| 気温（℃） |
| 湿度（％）又は（g/m³） |

試験結果の表示は，**B.1.4.3**に同じ。

B.1.4.5 開閉インパルス電圧（注水の場合）
(1) 注水条件

| 注水量の垂直成分（mm/min） |
| 注水の抵抗率（Ω・m） |
| 注水角度　垂直方向に対して　度 |

(2) 試験条件

| 電圧波形　±250／2 500（μs） |

(3) 大気状態

| 気圧（hPa） |
| 気温（℃） |
| 湿度（％）又は（g/m³） |

試験結果の表示は，**B.1.4.2**に同じ。

注記　注水の試験については，気中断路器に適用する。

B.1.4.6 制御・操作・補助回路の耐電圧試験
(1) 試験条件

| 商用周波電圧の周波数（Hz） |
| 商用周波電圧の加圧時間（s） |
| 雷インパルス電圧波形　±1.2／50（μs） |

(2) 大気状態

| 気圧（hPa） |
| 気温（℃） |
| 湿度（％）又は（g/m³） |

(3) 試験結果

印加部分	商用周波電圧（kV)		開閉インパルス電圧（kV)		備考
	試験電圧	結果	試験電圧	結果	
回路一括と大地間		良		良	

注記　電気回路相互間などの耐電圧試験を行った場合は，追加記載する。

B.1.4.7 絶縁抵抗測定

測定箇所		絶縁抵抗値 (MΩ)	周囲温度 (°C)	湿度 (%)	結果
主回路	主回路と大地間				良
	異相主回路間				良
	同相主回路端子間				良
操作制御装置の導電部と大地との間					良

B.1.5 開閉試験

B.1.5.1 手動開閉試験

	手動開閉試験の結果	操作力測定値 (N・m)	
連続開閉試験前後の別	前後ともに良	前	後

注記 操作力を測定した方法を記載する。
例えば，徐々に操作したスプリングバランスで最大の点を測定した。

B.1.5.2 最低動作電圧測定

	動作	制御電圧 (V)	最低操作電圧 (V)	操作電圧 (V)	最低制御電圧 (V)
連続開閉試験前後の別	閉路	定格		定格	
	開路	定格		定格	

注記 最低操作電圧の測定は，制御電圧と操作電圧の供給源が異なる場合に行う。

B.1.5.3 開閉特性試験

操作電圧[a] (%)	制御電圧[a] (%)	制御電流 (A)	閉極時間 (s)	閉路確認時間 (s)	全閉路時間[b] (s)	平均閉路速度 (m/s)	開極時間 (s)	開路確認時間 (s)	全閉路時間[b] (s)	平均開路速度 (m/s)	結果
75	75										良
100	100										良
125	125										良
125	75										良
連続開閉試験前後の別						前又は後					
制御電流の測定方法						各種オシログラム					

注[a] 定格操作電圧，定格制御電圧とも DC 100 V の場合である。操作電圧と制御電圧との組合せは，**6.5.4** による。
注[b] 開閉速度を算出した方法を記載する。例えば，操作ロッドの運動を可動接触子先端の運動に換算した。

動作特性曲線（例）

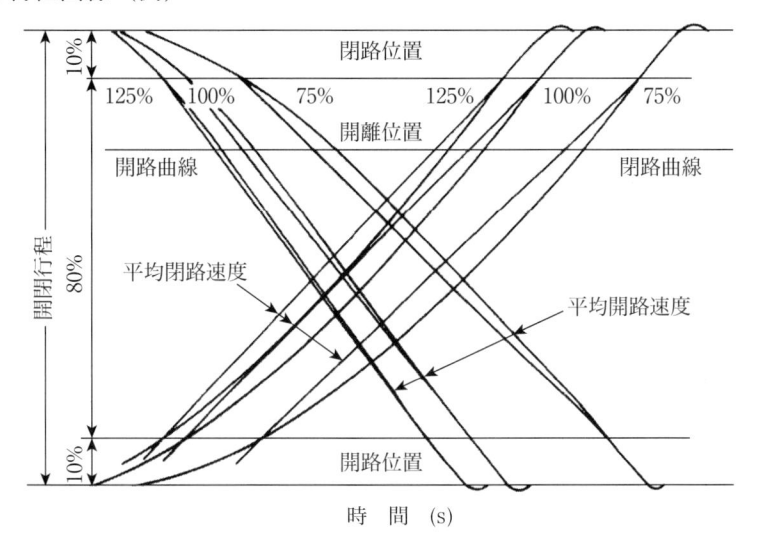

[動作特性曲線の図：縦軸は開閉行程（10%, 80%, 10%）、横軸は時間(s)。閉路位置、開離位置、開路位置を示し、開路曲線と閉路曲線が125%, 100%, 75%の条件で描かれている。平均閉路速度、平均開路速度が示されている。]

B.1.5.4　連続開閉試験

(1) ガス断路器及びガス接地開閉器

操作方式	操作電圧 [a] （％）	制御電圧 [a] （％）	連続開閉 試験回数 （回）	結果
手動操作	－		100	良
電気操作	100	100	900	良
	125	125	50	良
	75	75	50	良

注 [a]　定格操作電圧，定格制御電圧とも DC 100 V の場合である。
　　　操作電圧と制御電圧との組合せは **6.5.4** による。

(2) 気中断路器及び気中接地開閉器

操作方式	操作電圧 [a] （％）	制御電圧 [a] （％）	連続開閉 試験回数 （回）	結果
手動操作	－		100	良
電気操作	100	100	900	良
	125	125	50	良
	75	75	50	良

注 [a]　定格操作電圧，定格制御電圧とも DC 100 V の場合である。
　　　操作電圧と制御電圧との組合せは，**6.5.4** による。

B.1.5.5　連続開閉試験後の特性試験

連続開閉試験結果，良否の判定をするため行う諸特性の確認試験（例えば，開閉特性試験，主回路抵抗測定など）を行った場合は，**B.1.5.4** に追加する。

JEC-2310:2014

B.1.6 温度上昇試験

B.1.6.1 ガス断路器及びガス接地開閉器

相	試験電流 (A)	試験周波数 (Hz)	周囲温度 (°C)	温度上昇 (K)									
				端子及び導体接続部			接触部				機械的構造部分		
				a	b	c	d	e	f	g	h	i	j	k
A														
B														
C														
温度計の種類														
銅接触と銀接触との別														

B.1.6.2 気中断路器

相	試験電流 (A)	試験周波数 (Hz)	周囲温度 (°C)	温度上昇 (K)								
				接続導体		端子接続部		接触子		ブレード		支持がいしキャップ	
				a	b	c	d	e	f	g	h	i	j
A													
B													
C													
温度計の種類													
銅接触と銀接触の別													
標高				1 000 m 以下									

温度計の種類　┬── 抵……指示抵抗温度計
　　　　　　　├── 液……ガラス製棒状温度計
　　　　　　　└── 熱……指示熱電温度計

測温部 a, b, c …… は必要に応じて図面に明示する。

B.1.6.3 操作及び制御装置

開閉動作中だけ通電する回路の温度上昇試験

定格操作電圧 (V)	定格制御電圧 (V)	操作回数 (回)	周囲温度 (°C)	直流・交流の別 [交流のときは(Hz)も記入]	試験電流 (A) 及び 温度上昇 (K)		
					開路コイル	閉路コイル	
		1分間隔で連続10回操作後					
温度測定法の種類							
絶縁物の種類							

常時通電する回路の温度上昇試験

定格電圧 (V)	直流・交流の別 [交流のときは (Hz) も記入]	周囲温度 (°C)	通電時間 (s)	試験電流 (A) 及び 温度上昇 (K)		
				……コイル	……コイル	……コイル
温度測定法の種類						
絶縁物の種類						

B.1.6.4 主回路抵抗測定

周囲温度 (°C)	試験電流 (A)	主回路抵抗 (μΩ)		
		A相	B相	C相

B.1.7 短時間耐電流試験

相	試験電流 (kA)		通電時間 (s)	試験周波数 (Hz)	主回路抵抗 (μΩ)	
	最大波高値	短時間耐電流			試験前	試験後
A						
B						
C						

B.1.8 端子荷重試験

B.1.8.1 主回路抵抗測定

荷重方向	端子荷重 (N)	周囲温度 (°C)	主回路抵抗 (μΩ)			結果
			A相	B相	C相	
F_{a1}						良
F_{a2}						良
F_{b1}						良
F_{b2}						良

試験電流 DC _____ A

B.1.8.2 開閉特性試験

荷重方向	端子荷重 (N)	操作電圧 [a] (%)	制御電圧 [a] (%)	閉極時間 (s)	平均閉路速度 (m/s)	開極時間 (s)	平均開路速度 (m/s)	結果
F_{a1}		75	75					良
F_{a2}		75	75					良
F_{b1}		75	75					良
F_{b2}		75	75					良

注 [a] 定格操作電圧,定格制御電圧とも直流電圧の場合である。
操作電圧と制御電圧との組合せは,**6.5.4**による。

B.1.8.3 手動開閉試験

荷重方向	端子荷重 (N)	結果
F_{a1}		良
F_{a2}		良
F_{b1}		良
F_{b2}		良

B.1.9 母線ループ電流開閉試験

相	開閉電流 (A)	試験電圧 (V)	試験周波数 (Hz)	過渡回復電圧上昇率 (V/μs)	定格操作電圧 (%)	定格制御電圧 (%)	ガス圧力 (MPa)	力率	平均開路速度 (m/s)	平均閉路速度 (m/s)	アーク時間 (サイクル)	開離度 (%)	試験回数 (回)
A													
B													
C													

B.1.10 誘導電流開閉試験

相	開閉電流 (A)	試験電圧 (V)	試験周波数 (Hz)	過渡回復電圧上昇率 (V/μs)	定格操作電圧 (%)	定格制御電圧 (%)	ガス圧力 (MPa)	力率	平均開路速度 (m/s)	平均閉路速度 (m/s)	アーク時間 (サイクル)	開離度 (%)	試験回数 (回)
A													
B													
C													

B.1.11 進み小電流開閉試験

相	開閉電流(A)	試験電圧(V)	試験周波数(Hz)	振幅率	開閉過電圧(kV)	開閉過電圧倍数(p.u.)	開閉過電圧周波数(kHz)	定格操作電圧(%)	定格制御電圧(%)	ガス圧力(MPa)	力率	平均開路速度(m/s)	平均閉路速度(m/s)	アーク時間(サイクル)	開離度(%)	発生開閉過電圧(kV)	発生開閉過電圧係数(p.u.)	試験回数(回)
A																		
B																		
C																		

B.1.12 インタロック装置確認試験

B.1.12.1 電気的インタロック装置確認試験

断路器の状態	接地開閉器の状態	投入指令を与える機器名	結果
閉路	開路	接地開閉器	良
開路	閉路	断路器	良

B.1.12.2 機械的インタロック装置確認試験

(1) 試験結果

断路器の状態	接地開閉器の状態	投入指令を与える機器名	操作電圧[a](%)	結果
閉路	開路	接地開閉器	125	良
開路	閉路	断路器	125	良

注[a] 定格操作電圧がDC 100 Vの場合である。そのほかは，**表1**による。

(2) 確認試験後の開閉動作

断路器　　　結果：良
接地開閉器　結果：良

B.2 断路器及び接地開閉器試験報告書記入法

B.2.1 一般事項

断路器及び接地開閉器試験報告書記入法は，次による。

a) この附属書に記載する断路器及び接地開閉器試験報告書は，形式試験に対する報告書の一例である。
b) ルーチン試験の試験報告書は，必要事項だけを形式試験報告書に準じて作成してもよい。
c) 試験報告書は，通常，断路器及び接地開閉器1台ごとに作成するが，同一形式のもの2台以上を同時に試験した場合には，定格の項などは共通としてもよい。
d) 試験結果を数量的に表せない場合には，判定によって良（又は否）と記入する。
e) 試験方法，測定方法又は算出方法などがこの規格に規定した方法と異なるときは，それを明記する。
f) 特殊使用状態で試験を行った場合は，必要項目を追加する。
g) それぞれの試験項目における試験回路図を記載し，試験法の名称など簡単な説明を行う。

B.2.2 断路器及び接地開閉器定格（5.11 参照）

断路器及び接地開閉器定格は，銘板に記載するものを記入する。

B.2.3 構造検査（6.2 参照）

一般構造，漏れ試験，主回路抵抗及び絶縁抵抗について，検査及び測定結果を具体的に記入する。

B.2.4 耐電圧試験（6.3参照）

耐電圧試験の記入は，次による。

a) 電圧印加点及び接地点を図示し，備考欄に記載する。
b) 同相主回路端子間の試験でタンク，又はベースを大地に対して絶縁した場合は，備考欄に図示する。

B.2.5 開閉試験（6.5参照）

開閉試験の記載は，次による。

a) 操作電流及び制御電流は，指定の操作電圧・制御電圧でそれぞれの装置に供給される電流の最大値を記入する。また，必要に応じて電流値算定の基礎になるオシログラム又は図を添付する。
b) 開閉特性試験時の断路器操作の電圧と制御電圧との組合せは，6.5.4の注記による。
c) 平均開路速度，平均閉路速度，初開離速度などは動作特性曲線から決定して記載するが，断路器及び接地開閉器の種類・構造などによって動作特性曲線が得られない場合は，省略できる。
d) 動作特性曲線を添付することが望ましい。
e) 手動開閉試験及び連続開閉試験については，6.5.2及び6.5.5参照。

B.2.6 温度上昇試験（6.6参照）

温度上昇試験の記載は，次による。

a) 測温箇所の名称を具体的に明示し，記号又は番号を付ける。また，測温箇所を示す図面を添付することが望ましい。
b) 代表的部分の温度上昇曲線を添付することが望ましい。

B.2.7 短時間耐電流試験（6.7参照）

a) 試験回路，三相及び単相試験の別，並びに試験回路の配列（6.7.5参照）を記入する。
b) 短時間耐電流試験の実施中及び実施後における供試断路器及び供試接地開閉器の状態を適宜記入する。
c) オシログラムを添付することが望ましい。
d) 主回路抵抗測定の電流値は，温度上昇試験の場合と同一とする。

B.2.8 端子荷重試験（6.101参照）

端子荷重試験の記載は，次による。

a) 主回路抵抗測定の電流値は，温度上昇試験の場合と同一とする。
b) 開閉特性試験には動作特性曲線を添付することが望ましい。

附属書C
（参考）
送電線二次アーク消弧用交流高速接地開閉器

C.1 適用範囲

この附属書は，550 kV以上で屋内外に設置する，周波数50 Hz又は60 Hzの三相交流系統に用いる送電線二次アーク消弧用交流高速接地開閉器（以下，HSESと略す。）に適用する。

HSESに対する特殊要求を次に示す。

a) 送電線用遮断器の高速度再閉路責務の無電圧時間内，送電線を接地し，再度開路したときに発生する回復電圧に耐える必要がある。無電圧時間は系統の安定性から決められるもので，事故点の絶縁回復に要する時間から通常1秒程度とされる。
  なお，投入及び開放の両方に高速動作が必要である。
b) 送電線の二次アーク電流を通電する能力が必要である。
c) 電磁誘導及び静電誘導に対する開閉能力が必要である。
d) 開放後の過渡回復電圧に耐えるとともに，その後の商用周波電圧に耐える能力が必要である。
e) 特に指定しない限り，単相操作を行う。

C.2 代表的なタイムチャート

図C.1にHSES及び遮断器（CB）の代表的な動作シーケンスの代表例を示す。この例では，次の時間順でHSES及びCBが動作する。

a) 最初に架空送電線に事故（一線地絡故障）発生（一次アーク）
b) 当該相の両端のCBが遮断
c) 当該相の送電線両端のHSESが閉路し，故障点の二次アークが消弧
d) その後，送電線両端のHSESが開路
e) 送電線両端のCBが再閉路

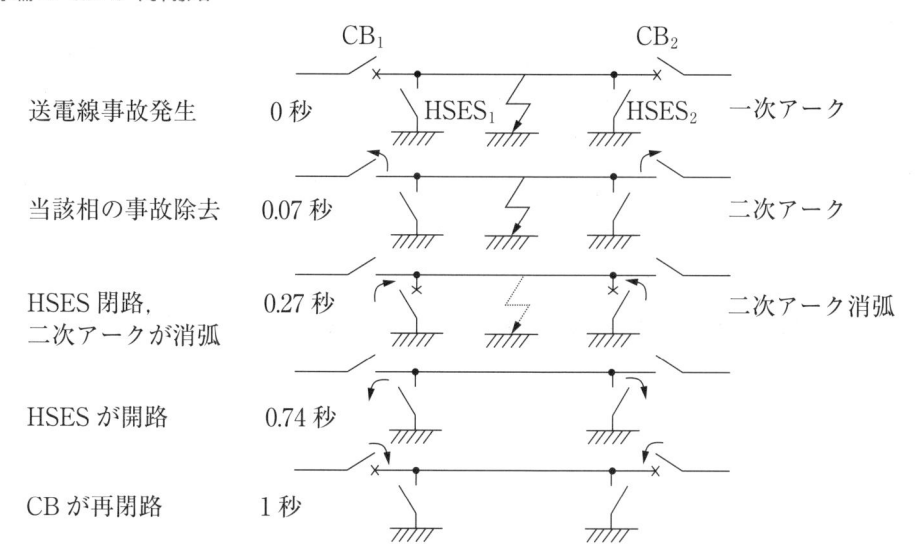

図C.1—HSESとCBの動作シーケンスの代表例（単相）

JEC-2310:2014 解説

図 **C.2** に送電線の事故発生から遮断器の再閉路完了までの代表的な動作タイミングの代表例を示す。

なお，図 **C.2** は，事故発生から両端の送電線用遮断器の再閉路完了までを1秒と仮定した場合の動作タイミングの代表例を示している。

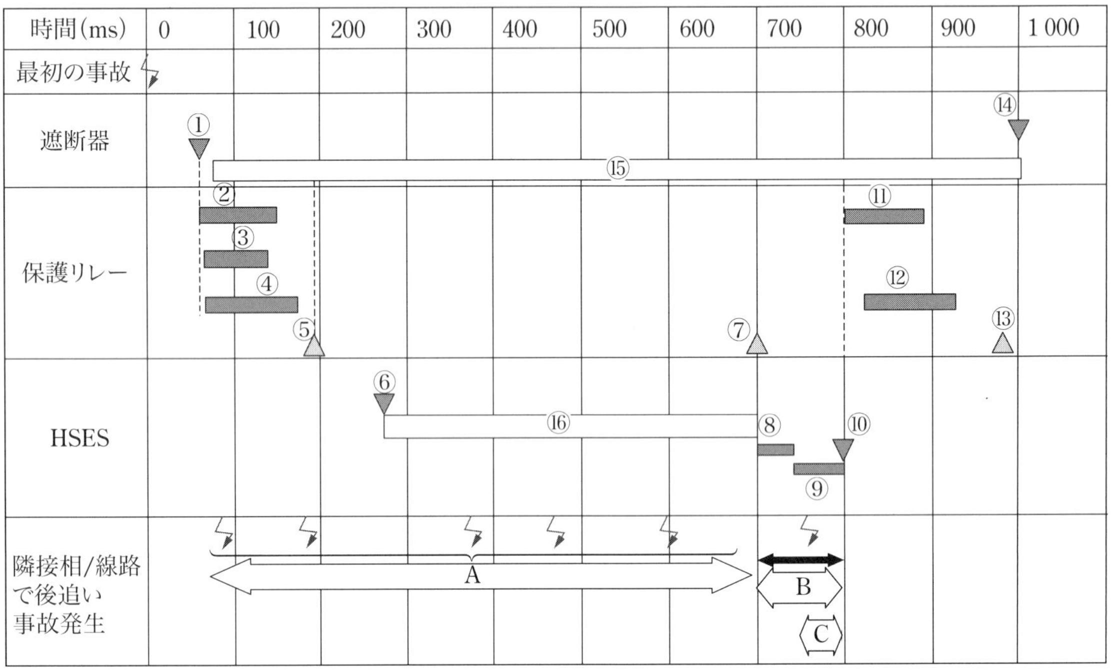

ここで，A, B, Cはそれぞれ次を示す。

A) 他相で後追い故障が発生しても，当該 HSES が開路するのは故障が発生した相の遮断器が故障を除去した後と考えられるので，HSES の動作には影響しない期間。

B) HSES が開路動作中なので，地絡した他相の大きな電流による電磁誘導によって，HSES が遮断すべき電流値が増大し遮断性能に影響を与える期間。

C) 他相の後追い故障発生のタイミングによっては（例えば HSES が遮断しようとする相電流がピーク付近で，他相に後追い故障が発生した場合など）HSES が遮断すべき相に直流分が重畳して電流零点遅延（ゼロミス）が発生することがあり，その場合は後追い故障が発生した相の遮断器によって故障が除去されるなどして電流零点が来るまで HSES の消弧が遅延することがある期間。

① CB_1, CB_2 開極　　② CB_1, CB_2 の開路を確認　　③ 主リレー機能回復
④ 再閉路条件確認　　⑤ $HSES_1$, $HSES_2$ に閉路指令　　⑥ $HSES_1$, $HSES_2$ 閉路
⑦ $HSES_1$, $HSES_2$ に開路指令　　⑧ $HSES_1$, $HSES_2$ 開極時間　　⑨ $HSES_1$, $HSES_2$ のアーク時間
⑩ $HSES_1$, $HSES_2$ 開路　　⑪ $HSES_1$, $HSES_2$ の開路を確認　　⑫ CB_1, CB_2 の再閉路条件の確認
⑬ CB_1, CB_2 に閉路指令　　⑭ CB_1, CB_2 が1秒で再閉路
⑮ CB_1, CB_2 は開路状態　　⑯ $HSES_1$, $HSES_2$ 閉路状態

図 C.2—送電線の事故発生から遮断器の再閉路完了までの動作タイミングの代表例

C.3 定格事項

C.3.1 定格動作シーケンス

定格動作シーケンスを次に示す。

a) $C - t_{i1} - O$

b) $C - t_{i1} - O - t_{i2} - C - t_{i1} - O$

t_{i1} は，二次アーク消弧並びに故障地点における気中絶縁回復に要する時間よりも長い時間とする。

なお，t_{i1} は，系統安定度を考慮して使用者が指定するが，概ね 0.15 秒程度とする。

t_{i2} は，系統保護から決まる中間の時間であり，0.5 秒程度が望ましい。t_{i2} は HSES が開路した後，遮断器の閉路時間，新たな線路故障と遮断器による故障除去に要する時間を含む。この t_{i2} 後の閉路指令に対して，HSES は油圧の昇圧及びばねの蓄勢といった時間なしで，直ちに再閉路動作が可能な状態を保持しておかなければならない。

図 **C.3** にシーケンス **b)** に対するタイムチャートを示す。

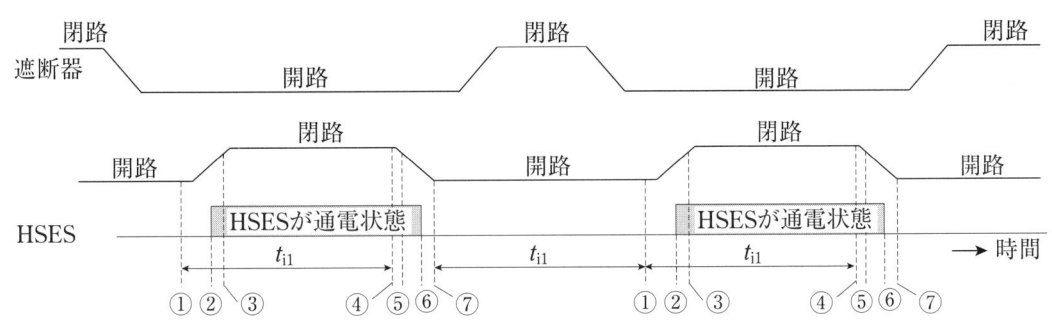

ここで，それぞれ次を示す。

①投入回路が励磁　②通電開始　③接点が接触　④引外し回路が励磁
⑤接点が乖離　⑥アーク消弧　⑦完全開路状態

注記 1 系統安定のためには，遮断器の再閉路時間は通常 1 秒程度。
注記 2 t_{i1} は通常 0.15 秒から 0.5 秒。
注記 3 t_{i2} は通常 0.5 秒から 1 秒。
注記 4 シーケンス **b)** は同じ相に別の事故が生じた場合をカバーするためのもの。
注記 5 HSES の閉路時間は通常 0.2 秒。

図 C.3—HSES のタイムチャート

C.3.2 誘導電流開閉能力の標準値

表 C.1 に HSES の誘導電流開閉能力の標準値を示す。

表 C.1—HSES の誘導電流開閉能力の標準値

定格電圧 U_r	電磁誘導電流電圧				静電誘導電流電圧	
	開閉電流 $\left(^{+10}_{-0}\%\right)$	回復電圧 $\left(^{+10}_{-0}\%\right)$	TRV 初期波高値 $\left(^{+10}_{-0}\%\right)$	TRV 初期波高時間 $\left(^{+0}_{-10}\%\right)$	開閉電流 $\left(^{+10}_{-0}\%\right)$	回復電圧 $\left(^{+10}_{-0}\%\right)$
kV	A (rms)	kV (rms)	kV	Ms	A (rms)	kV (rms)
550	6 800	240	580	0.6	120	115
1 100	6 800	240	580	0.6	230	235

注記 1　電磁誘導に対する回復電圧は，2 パラメータ波形。
注記 2　静電誘導に対する回復電圧は，1 － cos 波形。

C.3.3 開閉性能

無負荷開閉時の試験回数は，閉路及び開路で 1 回とし，2 000 回とする。電流開閉時の試験回数は，当事者間の協議によって決定する。

参考文献

JEC-0103	低圧制御回路絶縁試験法
JEC-2300	交流遮断器
JEC-2350	ガス絶縁開閉装置
IEC 62271-102	High－voltage switchgear and controlgear － Part 102: Alternating current disconnectors and earthing switches
IEC 62271-112	High－voltage switchgear and controlgear － Part 112: Alternating current high－speed earthing switches for secondary arc extinction on transmission lines

電気協同研究 第 52 巻 第 1 号　"ガス絶縁開閉装置仕様・保守基準"
電気学会技術報告（II 部）第 216 号　"ガス絶縁開閉装置試験法"
電気学会技術報告（II 部）第 324 号　"急峻波サージと GIS の絶縁問題"
平成 26 年 電気学会 電力・エネルギー部門大会講演論文集，No. 201　"母線断路器のループ電流開閉責務に関する調査結果"

JEC-2310：2014
交流断路器及び接地開閉器
解説

　この解説は，本体及び附属書に規定・記載した事柄，並びにこれらに関連した事柄を説明するもので，規格の一部ではない。

1 制定・改正の趣旨及び経緯
1.1 制定・改正の趣旨
　1975年に制定された **JEC-196：1975**（断路器）は，直列機器である遮断器規格の改訂，**IEC** 規格の改訂を踏まえ，1990年に大幅な改訂がなされ，**JEC-2310：1990**（交流断路器）となった。さらに，**JEC-2350**（ガス絶縁開閉装置）の制定，**IEC** 規格との整合を意識して **JEC-2310：2003**（交流断路器）として改訂を実施した。その後，最新の **IEC** 規格（**IEC 62271-102**）及び新たに制定された **JEC-2390**（開閉装置一般要求事項）との整合，UHV までの電圧範囲の拡大を図る機運が高まり，この規格を改正した。

1.2 改正の経緯
　"交流断路器標準特別委員会"の設置が 2012 年に決まり，開閉装置標準化委員会の委員を含めた設立準備の会合が 2012 年 9 月 10 日に開かれ，活動方針が決められた。2012 年 12 月 17 日の第 1 回特別委員会以降，**IEC** 関連規格の調査，国内関連規格の共通項目の調査を行った後，慎重審議の結果，2014 年 7 月に成案を得て，2014 年 9 月に電気規格調査会規格委員総会の承認を経て制定された，電気学会　電気規格調査会標準規格である。これによって **JEC-2310：2003** は改正され，この規格に置き換えられた。

2 審議中に特に問題となった事項など
2.1 審議の主な論点
　対応国際規格 **IEC 62271-102** の内容を検討し，日本国内市場のニーズを考慮したうえで，これを取り込んだ。また，**IEC 62271-102** は開閉装置の共通規格 **IEC 62271-1** を引用する形をとっている。**JEC** でも **JEC-2390**（開閉装置一般要求事項）が制定されており，これを引用する構成に見直した。一方，a) ～ d) に関しては，国内固有の使用環境及び機器取扱いの実態に合わせ，標準特別委員会で議論を行った。

　b) に関しては，UHV までの電圧適用範囲の拡大に伴い，議論を行った。

　なお，**JEC** 規格票の様式の 2012 年の改正に伴い，表現方法を見直した。

a) 母線ループ電流開閉責務は，標準特別委員会内に"母線断路器のループ電流開閉責務調査作業部会"を設置し，国内の 500 kV 及び 275 kV 変電所を対象に，15 変電所での母線ループ電流及び 33 変電所での回復電圧の調査，154 kV 系統 332 回線及び 66 / 77 kV 系統 480 回線の母線ループ電流の調査，及び検討結果の答申を受け，開閉電流及び回復電圧の見直しを行った。

b) 誘導電流開閉責務は，定格電圧 550 kV 以下については国内の使用実績を検討し，**JEC-2310：2003** からの変化はないとの結論となり，**JEC-2310：2003** の規格値を踏襲するとともに，新たに追加した定格電圧 1 100 kV についても，国内の系統の解析結果を基に規格値を決定した。

c) 進み小電流開閉責務は，国内の使用実績を検討し，**JEC-2310：2003** からの変化はないとの結論となり，**JEC-2310：2003** の規格値を踏襲した。

d) 遅れ小電流開閉責務は，**IEC 62271-102** には規定がないが，**JEC-2310：2003** と同様に参考試験とし

て規定した。国内の使用実績を検討し，**JEC-2310：2003** からの変化はないとの結論となり，**JEC-2310：2003** の規格値を踏襲した。

e) **IEC 62271-102** の **Annex H** で新たに追加された定格電圧 800 kV 以上に適用される抵抗付断路器をこの規格で規定した。

f) **IEC 62271-112** として新たに制定された定格電圧 550 kV 以上に適用される高速接地開閉器を**附属書C**（参考）として追加した。

2.2 関連 JEC 規格との相違点

JEC-2390 との整合を図る中で顕在化した相違点を次に示す。

a) 対地開閉インパルス耐電圧は，**JEC-2310：2003** では定格 550 kV 以外の規定値がないが，**JEC-2390** との整合を図り，定格 204 kV 以上で規定した。

b) 制御電圧の変動範囲について，**JEC-2390：2013** では直流電源の場合の変動範囲を 75 % 〜 125 % としているが，直流 100 V 系（直流 110 V を含む。）の場合の蓄電池からの供給電圧が 75 V 〜 125 V に変動する実態調査を踏まえ，直流 100 V 系は 75 V 〜 125 V の変動とした。

c) 低圧鎖錠は，**JEC-2390：2013** では，要否については当事者間の協議によって決定するとしているが，断路器及び接地開閉器では，低圧鎖錠装置を設けないことを標準としている。

d) 短時間耐電流試験は，**JEC-2390：2013** では，3 相が分離した装置の単相試験の場合には，相間の電磁力が無視できる場合を除き，戻り導体を設置することとしているが，定格電圧が 72 kV 以上の気中断路器及び気中接地開閉器では，相間の気中絶縁距離が十分に大きいため，電磁力を無視できることとした。

e) 現地試験は，**JEC-2390** では**箇条 8** に規定があるが，この規格では規定しないこととした。

2.3 IEC 62271-102 との主な相違点

この規格と **IEC 62271-102** との主な相違点を**解説表 1** に示す。

解説表 1 − この規格と IEC 62271-102 との主な相違点

項目	この規格の内容	IEC 62271-102 の内容
4.102　定格端子荷重	ベース分離形断路器の F_{b1}, F_{b2} 方向 $= 0.5 \times (F_{a1}, F_{a2}$ 方向$)$	ベース分離形断路器の F_{b1}, F_{b2} 方向 $= (0.25 \sim 0.4) \times (F_{a1}, F_{a2}$ 方向$)$
5.103　接地開閉器の短絡投入性能	特別な要求がない限り規定しない	接地開閉器の短絡投入性能がクラス分けされている クラス E0：投入能力をもたない クラス E1：2 回の短絡能力をもつ クラス E2：5 回の短絡能力をもつ
6.5　手動開閉試験の回数 7.5　手動開閉試験の回数 8.101　手動開閉試験の回数	手動操作式 DS, ES の開閉回数 100 回 さらに参考試験項目として 1 000 回	手動操作式 DS, ES の開閉回数＝動力操作式のものと同じ 1 000 回

JEC-2310:2014 解説

解説表 1—この規格と IEC 62271-102 との主な相違点（続き）

項目	この規格の内容	IEC 62271-102 の内容
6.5 動力開閉試験の回数 7.5 動力開閉試験の回数 8.101 動力開閉試験の回数	動力操作式 DS, ES の開閉回数 1 000 回 さらに参考試験項目として 10 000 回 試験方法に関して IEC 規格と若干の違いがある	動力操作式 DS, ES の開閉回数は クラス M0：1 000 回 クラス M1：2 000 回 クラス M2：10 000 回 クラス M0 が標準 クラス M1，M2 は特別な要求のある場合
6.102 ループ電流開閉試験	複母線ループ電流開閉試験について規定	オプションの形式試験項目として規定
6.103 誘導電流開閉試験	定格電圧ごとに開閉電流値，回復電圧値を規定	オプションの形式試験項目として規定
6.104 進み小電流開閉試験	形式試験項目として規定	オプションの形式試験項目として 3 種類の責務の試験が規定
6.105 機械的インタロック装置確認試験	詳細に規定	規定なし 6.102 Mechanical operation tests の中で簡単にふれている
8.102 遅れ小電流開閉試験	参考試験項目として規定	規定なし

3 主な改正点

主な改正点は，**解説表 2** のとおりである。

解説表 2－主な改正点

項目 [（ ）は改正によって削除された項目]	この規格の改正点	備考
規格名称	"交流断路器"から"交流断路器及び接地開閉器"に変更	IEC 62271-102 に合わせた
2 使用状態	"**JEC-2390** による。"とした	日射，風速の条件が追加される
4.3 定格耐電圧	"**JEC-2390** による。"とした	対地開閉インパルス耐電圧の条件変更（解説 2.2 a）に記載） 定格電圧 1 100 kV 追加 定格電圧 24, 72, 84, 120, 168 kV に新たな耐電圧レベルが追加
（定格操作圧力）	圧縮空気操作装置の新規製作がないことから削除	空気操作に関係する開閉試験，最低動作電圧測定などの記載も削除
4.8 定格制御電圧	直流 100 V の変動範囲を 75 V ～ 125 V 直流 200 V の変動範囲を 150 V ～ 220 V とした	直流 100 V の場合，従来は 75 % ～ 125 % で，操作回路と同一電源の場合は 75 % ～ 110 % であった
4.101 定格操作電圧	直流 100 V の変動範囲を 75 V ～ 125 V 直流 200 V の変動範囲を 150 V ～ 220 V とした	従来は 75 % ～ 110 % であったが，制御電圧の考えに合わせた
4.101 定格操作電圧	交流の標準値 400 V を削除	国内の実態に合わせた
4.103 定格母線ループ電流開閉能力	定格事項として新たに追加	
4.103 定格母線ループ電流開閉能力	母線ループ電流の定格母線ループ電流値及び回復電圧値を変更	作業部会を設置し，国内の運用実態を調査し，解析を含めた検討を実施し，開閉責務を見直した

解説表2―主な改正点（続き）

項目 [（ ）は改正によって削除された項目]	この規格の改正点	備考
4.104　定格誘導電流開閉能力	定格事項として新たに追加	
4.104　定格誘導電流開閉能力	定格1 100 kVの開閉能力を追加	定格電圧1 100 kV機器の解析結果を検討し，新たに開閉責務を規定した
4.105　定格進み小電流開閉能力	定格事項として新たに追加	
5.4　開閉装置の接地	JEC-2390の5.4（開閉装置の接地）に対応する項目として新たに追加	
5.15　屋外設置における漏れ距離	JEC-2390に対応する項目として新たに追加	
5.17　作動油	JEC-2390に対応する項目として新たに追加	
5.18　火災危険性	JEC-2390に対応する項目として新たに追加	
5.19　電磁両立性（EMC）	JEC-2390に対応する項目として新たに追加	
5.103　ガス接地開閉器の用途，電流開閉性能及び主要部構造	特別な要求がない限り，接地開閉器の短絡投入性能規定しないことを5.103.1の注記2に記載	国内では要求がない実態に合わせ，通常は規定しないこととした
5.105　抵抗付断路器	新たに追加	解説2.1 e)に記載
6.8　電磁両立性（EMC）試験	JEC-2390に対応する項目として新たに追加	
6.104　進み小電流開閉試験	注記1，注記2での試験省略条件を300 kV未満から240 kV未満に変更	定格電圧が240 kVのガス絶縁開閉装置と300 kVのガス絶縁開閉装置とでは，同じ形式である場合がほとんどであることから，機器の実態に合わせて，条件を変更した
6.106　抵抗付断路器における確認試験	新たに追加	解説2.1 e)に記載
8.4　耐環境性試験	JEC-2390の9.4に対応する項目として新たに追加	
8.5　耐震性能の試験	JEC-2390の9.5に対応する項目として新たに追加	
8.6　輸送試験	JEC-2390の9.6に対応する項目として新たに追加	
8.7　主回路の電磁放射試験（ラジオ障害電圧の測定）	JEC-2390の9.7に対応する項目として新たに追加	
8.8　屋外がいしの人工汚損試験	JEC-2390の9.8に対応する項目として新たに追加	
附属書A	気中用接地開閉器の開閉能力の標準値に項目を追加	負荷開閉器を搭載するものの規定がないため，実態を調査し新たに追加した
附属書B	形式試験報告書例の記載順序を箇条6の形式試験の記載順序に合わせた	
附属書C	新たに追加	解説2.1 f)に記載

<補足説明>

a) 端子荷重

気中断路器の定格端子荷重は，機中断路器の開閉・定格電流の誘電を保証できる限界を示すもので，短絡電流によって接続導体に加わる電磁力で生じる端子荷重は考慮していない。なお，気中断路器の短時間耐電流試験では，**6.7.2.1** によって，使用状態で作用する電磁力を考慮した試験を規定している。気中断路器のベース共通形断路器の F_{b1}, F_{b2} 方向の荷重は，**IEC 62271-102** に準拠し，F_{a1}, F_{a2} 方向の荷重の約 1/3 の値をとった。一方，ベース分離形断路器は，国内ではパイプ母線接続として用いられ，F_{b1}, F_{b2} 方向の荷重が大きくなることを考慮して，**IEC 62271-102** の値より高く F_{a1}, F_{a2} 方向の荷重の 1/2 とした。

b) 母線ループ電流開閉

今回の改正で，開閉電流及び回復電圧の見直しを行ったが，過渡回復電圧上昇率の値は，調査データが少ないことから，従来どおり，定格電流を基準とし，**電気学会技術報告（Ⅱ部）第 216 号**（ガス絶縁開閉装置試験法）によった。試験回数も，定格電流を基準とし，従来どおり，**電気学会技術報告（Ⅱ部）第 216 号**（ガス絶縁開閉装置試験法）によった。

c) 誘導電流開閉

今回の改正で，**表 4** の電磁誘導電流電圧及び**表 5** の静電誘導電流電圧に記載されている併架送電線長は，実態と合わないことから記載不要と判断し，削除した。

d) 進み小電流開閉

断路器による進み小電流開閉試験は，電流を開閉すること自体よりも，再点弧又は投入時に発生する開閉過電圧に対する絶縁耐力が問題であることが分かっている。**JEC-196** では，付録で電流値を記載してあるだけだったが，1990 年の改訂時に，形式試験として規定した。

e) 進み小電流開閉の試験電流

JEC-196 では，進み小電流値を定格電圧 36 kV 以下が 2 A，72 kV 〜 168 kV が 1 A，204 kV 以上が 0.5 A としていた。しかし，ガス断路器の実使用状態では，大半が 1 〜十数メートルまでの管路の充電電流であり，この値は，**JEC-196** で規定した値より 1 〜 3 桁小さい。また，進み小電流開閉は，電流を遮断することよりも，発生する開閉過電圧に対する絶縁耐力が問題となる。したがって，1990 年の改訂時には，進み小電流値の規定を省いた。

f) 進み小電流開閉の試験電圧

JEC-196 では，単相試験を行う場合，定格電圧 168 kV 以下は $E/\sqrt{3}$ の 1.5 倍の回復電圧となっていた。1990 年の改訂時においては，対象を通常の遮断器までの管路などを開閉する断路器に限定したことから，断路器の電源側のインピーダンスに比べ，負荷側のインピーダンスが十分大きく，三相瞬時遮断時に電源側電圧が上昇することはないことから，単相試験の回復電圧をすべて $E/\sqrt{3}$ とした。

g) 断路器の一般構造

断路器においては，単に充電された電路の開閉操作のほか，ループ電流，進み小電流，遅れ小電流の開閉操作などを要求される場合がある。また，接地開閉器においては，電路を接地するための操作のほか，誘導電流の開閉操作を要求される場合がある。断路器及び接地開閉器には，構造的に可動部が多いが，これらの要求される操作を確実に行うことが必要であり，電気的性能と実用的性能とがあいまって初めて所期の性能が発揮される。

h) 開閉表示器の色別及び文字

断路器の機械的開閉表示装置及び電気的開閉表示装置の色別は，開は緑，閉は赤とする例が多い。ま

JEC-2310:2014 解説

た，機械的開閉表示装置の文字は，開は"切"，閉は"入"とする例が多い。接地開閉器の場合もこれに準じるが，開は"外"，閉は"付"と表現する場合がある。

i) 短絡投入性能

IEC 62271-102 では，短絡電流投入能力をクラス分けして規定しているが，国内においては，該当する機器の運用実績がないため，この規格では，特別な要求がない限り規定しないこととした。

4 気中断路器とガス断路器の主な相違点

気中断路器とガス断路器との主な相違点は，**解説表 3** のとおりである。

解説表 3—気中断路器とガス断路器との主な相違点

項目	気中断路器	ガス断路器
3 用語及び定義 3.2 断路器の種類 3.3 ガス断路器の種類 3.4 気中断路器の種類	a) 断路部の数による分類 b) ベースによる分類 c) 断路方式による分類 d) 使用回路の数による分類	a) 断路方式による分類 b) 消弧方式による分類 c) 使用回路の数による分類
4 定格		
4.3 定格耐電圧	204 kV 以上の対地商用周波は，長時間商用周波パターンの短時間部分だけが適用される	204 kV 以上の対地商用周波は，長時間商用周波耐電圧を規定
4.7 定格ガス圧力	適用しない	適用する
4.102 定格端子荷重	適用する	適用しない
4.103 定格母線ループ電流開閉能力	**附属書 A** による	適用する
4.104 定格誘導電流開閉能力	**附属書 A** による	適用する
4.105 定格進み小電流開閉能力	**附属書 A** による	適用する
5 設計及び構造		
5.10 低圧鎖錠，警報と監視装置	適用しない	適用する
5.13 開閉表示器	操作装置の位置から開閉状態が確認できないものについては機械的開閉表示装置を設ける	機械的開閉表示装置を設ける
5.14 容器	適用しない	適用する
5.16 気密性	適用しない	適用する
5.101.4 操作方向	適用する	適用しない
6 形式試験		
6.5.5 連続開閉試験	試験中に潤滑剤を塗布しない	試験中に保守の注油は許容する
6.6 温度上昇試験	連続開閉試験，端子荷重試験及び短時間耐電流試験後	原則として新品状態
6.7 短時間耐電流試験	電磁力を考慮した試験の条件がある	—
6.101 端子荷重試験	適用する	適用しない
6.102 母線ループ電流開閉試験	**附属書 A** に開閉能力の標準値を示すだけとする	適用する
6.103 誘導電流開閉試験	同上	適用する
6.104 進み小電流開閉試験	同上	適用する
7 ルーチン試験		
7.3 主回路の耐電圧試験	断路器閉状態での主回路－大地間だけ行う	形式試験と同様，開状態・閉状態で各部について行う
8 参考試験		
8.102 遅れ小電流開閉試験	**附属書 A** に開閉能力の標準値を示すだけとする	適用する

5 標準特別委員会名及び名簿

委員会名：交流断路器標準特別委員会

委 員 長	細井	智行	（富士電機）	委　　員	豊田	充	（東　芝）
幹　　事	藤田	雅彦	（富士電機）	同	中島	昌俊	（富士電機）
同	逸見	礼	（日立製作所）	同	永田	清志	（東光高岳）
委　　員	伊藤	保則	（中部電力）	同	長綱	望	（明電舎）
同	井上	博史	（日本電機工業会）	同	西川	隆	（日本ガイシ）
同	岩崎	慎也	（関西電力）	同	村瀬	洋	（愛知工業大学）
同	岩田	幹正	（電力中央研究所）	同	吉原	淳	（日新電機）
同	加川	博明	（東京電力）	幹事補佐	備家	慎一郎	（富士電機）
同	川東	真人	（三菱電機）	途中退任委員	大野	伊知朗	（東京電力）
同	川又	雅史	（日立製作所）	同	玉腰	康裕	（中部電力）
同	椎木	元晴	（東　芝）	同	山内	一輝	（明電舎）
同	白井	英明	（東　芝）				

6 標準化委員会名及び名簿

委員会名：開閉装置標準化委員会

委 員 長	松村	年郎	（名古屋大学）	委　　員	高山	晴行	（東　芝）
幹　　事	中島	昌俊	（富士電機）	同	長	輝通	（明電舎）
幹事補佐	松瀬	圭介	（富士電機）	同	豊田	充	（東　芝）
委　　員	池田	久利	（東京大学）	同	野阪	直人	（電源開発）
同	礒田	隆生	（東　芝）	同	野田	浩正	（九州電力）
同	板谷	浩一	（日新電機）	同	萩森	英一	（中央大学）
同	伊藤	保則	（中部電力）	同	羽馬	洋之	（三菱電機）
同	大和久	吾朗	（日本電機工業会）	幹事補佐	林屋	均	（東日本旅客鉄道）
同	小野	進	（中国電力）	途中退任委員	細井	智行	（富士電機）
同	加藤	芳実	（東北電力）	同	堀	正彦	（北陸電力）
同	河村	達雄	（東京大学）	同	松下	義尚	（関西電力）
同	工藤	英彦	（北海道電力）		村瀬	洋	（愛知工業大学）
同	合田	豊	（電力中央研究所）		山下	浩司	（東光高岳）
同	小林	隆幸	（東京電力）		山根	雄一郎	（日立製作所）
同	高畑	浩二	（四国電力）				

7 部会名及び名簿

部会名：電気機器部会

部 会 長	塩原	亮一	（日立製作所）	幹事補佐	高濱	朗	（日立製作所）
幹　　事	榊	正幸	（明電舎）	同	長	輝通	（明電舎）
同	佐藤	純正	（東　芝）	委　　員	石崎	義弘	（東　芝）

委　　員	江川　邦彦	（日本電機工業会）	委　　員	田中　邦典	（電源開発）
同	上村　望	（明電舎）	同	長沼　一裕	（三菱電機）
同	河村　達雄	（東京大学）	同	中山　悦郎	（横河メータ＆インスツルメンツ）
同	河本　康太郎	（テクノローグ）	同	藤橋　芳弘	（東日本旅客鉄道）
同	小林　隆幸	（東京電力）	同	松村　年郎	（名古屋大学）
同	澤　孝一郎	（日本工業大学）	同	村岡　隆	（大阪工業大学）
同	白坂　行康	（日立製作所）	同	山本　直幸	（日立製作所）
同	杉山　修一	（富士電機）	同	吉野　輝雄	（東芝三菱電機産業システム）

8　電気規格調査会名簿

会　　長	松村　基史	（富士電機）	2号委員	大和田野芳郎	（産業技術総合研究所）
副会長	大木　義路	（早稲田大学）	同	辻本　崇紀	（経済産業省）
同	塩原　亮一	（日立製作所）	同	上野　昌裕	（北海道電力）
理　　事	井村　肇	（関西電力）	同	小松原　宏	（東北電力）
同	岩本　佐利	（日本電機工業会）	同	水野　弘一	（北陸電力）
同	片貝　昭史	（ジェイ・パワーシステムズ）	同	仰木　一郎	（中部電力）
同	勝山　実	（東芝）	同	木村　鉄一	（中国電力）
同	小林　功	（東京電力）	同	川原　央	（四国電力）
同	炭谷　憲作	（明電舎）	同	三苫　由紀彦	（九州電力）
同	萩森　英一	（元中央大学）	同	市村　泰規	（日本原子力発電）
同	林　洋一	（青山学院大学）	同	留岡　正男	（東京地下鉄）
同	藤井　治	（日本ガイシ）	同	山本　康裕	（東日本旅客鉄道）
同	三木　一郎	（明治大学）	同	石井　登	（ビスキャス）
同	八木　裕治郎	（富士電機）	同	江川　健太郎	（日本電設工業）
同	八島　政史	（電力中央研究所）	同	小黒　龍一	（上野精機）
同	山野　芳昭	（千葉大学）	同	鈴木　貞二	（フジクラ）
同	山本　俊二	（三菱電機）	同	筒井　幸雄	（安川電機）
同	横山　孝幸	（東芝）	同	吉沢　一郎	（新日鐵住金）
同	吉野　輝雄	（東芝三菱電機産業システム）	同	堀越　和彦	（日新電機）
同	和田　俊朗	（電源開発）	同	荒川　嘉孝	（日本電気協会）
同	井上　満夫	（研究調査担当副会長）	同	加曽　利久夫	（日本電気計器検定所）
同	大山　力	（研究調査理事）	同	島村　正彦	（日本電気計測器工業会）
同	酒井　祐之	（専務理事）	同	泥　正典	（日本照明工業会）
2号委員	奥村　浩士	（元京都大学）	同	高坂　秀世	（日本電線工業会）
同	斎藤　浩海	（東北大学）	3号委員	小田　哲治	（電気専門用語）
同	塩野　光弘	（日本大学）	同	橋本　昭憲	（電力量計）
同	田中　康寛	（東京都市大学）	同	佐藤　賢	（計器用変成器）
同	五十嵐三智雄	（国土交通省）	同	伊藤　和雄	（電力用通信）

3号委員	小山	博史	（計測安全）	3号委員	和田	俊朗	（水車）
同	金子	晋久	（電磁計測）	同	和田	俊朗	（海洋エネルギー変換器）
同	臼井	正司	（保護リレー装置）	同	日髙	邦彦	（UHV国際）
同	合田	忠弘	（スマートグリッドユーザインタフェース）	同	横山	明彦	（標準電圧）
同	澤	孝一郎	（回転機）	同	坂本	雄吉	（架空送電線路）
同	白坂	行康	（電力用変圧器）	同	日髙	邦彦	（絶縁協調）
同	松村	年郎	（開閉装置）	同	高須	和彦	（がいし）
同	河本	康太郎	（産業用電気加熱）	同	池田	久利	（高電圧試験方法）
同	合田	豊	（ヒューズ）	同	小林	昭夫	（短絡電流）
同	村岡	隆	（電力用コンデンサ）	同	土田	鋼太郎	（活線作業用工具・設備）
同	石崎	義弘	（避雷器）	同	境	武久	（高電圧直流送電システム）
同	林	洋一	（パワーエレクトロニクス）	同	大木	義路	（電気材料）
同	廣瀬	圭一	（安定化電源）	同	片貝	昭史	（電線・ケーブル）
同	田辺	茂	（送配電用パワーエレクトロニクス）	同	渋谷	昇	（電磁両立性）
同	赤木	泰文	（可変速駆動システム）	同	多氣	昌生	（人体ばく露に関する電界,磁界及び電磁界の評価方法）
同	二宮	保	（無停電電源システム）				

Ⓒ電気学会電気規格調査会　2015

電気学会 電気規格調査会標準規格
JEC-2310：2014
交流断路器及び接地開閉器

2015年4月15日　第1版第1刷発行

編　者　電気学会電気規格調査会
発行者　田中　久米四郎

発　行　所
株式会社 電気書院
www.denkishoin.co.jp
振替口座　00190-5-18837

〒101-0051
東京都千代田区神田神保町 1-3 ミヤタビル 2F
電話 (03)5259-9160 ／ FAX (03)5259-9162

ISBN 978-4-485-98977-7　　　　　　　　互恵印刷株式会社
Printed in Japan